水产养殖业绿色发展技术丛书

鲫鱼

 ## 绿色高效养殖

 技术与实例

农业农村部渔业渔政管理局 组编
桂建芳 主编

JIYU
LÜSE GAOXIAO YANGZHI
JISHU YU SHILI

中国农业出版社
北　京

图书在版编目（CIP）数据

鲫鱼绿色高效养殖技术与实例 / 农业农村部渔业渔政管理局组编；桂建芳主编 . —北京：中国农业出版社，2023.3
（水产养殖业绿色发展技术丛书）
ISBN 978-7-109-28046-5

Ⅰ.①鲫… Ⅱ.①农… ②桂… Ⅲ.①鲫—淡水养殖—生态养殖 Ⅳ.①S965.117

中国版本图书馆 CIP 数据核字（2021）第 048204 号

中国农业出版社出版
地址：北京市朝阳区麦子店街 18 号楼
邮编：100125
责任编辑：王金环
版式设计：王 晨 责任校对：张雯婷
印刷：北京通州皇家印刷厂
版次：2023 年 3 月第 1 版
印次：2023 年 3 月北京第 1 次印刷
发行：新华书店北京发行所
开本：880mm×1230mm 1/32
印张：6 插页：4
字数：167 千字
定价：48.00 元

丛书编委会

本书编委会

2019 年，经国务院批准，农业农村部等 10 部委联合印发了《关于加快推进水产养殖业绿色发展的若干意见》（以下简称《意见》），围绕加强科学布局、转变养殖方式、改善养殖环境、强化生产监管、拓宽发展空间、加强政策支持及落实保障措施等方面作出全面部署，对水产养殖业转型升级具有重大意义。

随着人们生活水平的提高，目前我国渔业的主要矛盾已经转化为人民对优质水产品和优美水域生态环境的需求，与水产品供给结构性矛盾突出与渔业对资源环境的过度利用之间的矛盾。在这种形势背景下，树立"大粮食观"，贯彻落实《意见》，坚持质量优先、市场导向、创新驱动、以法治渔四大原则，走绿色发展道路，是我国迈进水产养殖强国之列的必然选择。

"绿水青山就是金山银山"，向绿色发展前进，要靠技术转型与升级。为贯彻落实《意见》，推行生态健康绿色养殖，尤其针对养殖规模大、覆盖面广、产量产值高、综合效益好、市场前景广阔的水产养殖品种，率先开展绿色养殖技术推广，使水产养殖绿色发展理念深入人心，农业农村部渔业渔政管理局与中国农业出版社共同组织策划，组建了由院士领衔的高水平编委会，依托国家现代农业产业技术体系、全国水产技术推广总站、中国水产学会等组织和单位，遴选重要的水产养殖品种，

1

邀请产业上下游的高校、科研院所、推广机构以及企业的相关专家和技术人员编写了这套"水产养殖业绿色发展技术丛书"，宣传推广绿色养殖技术与模式，以促进渔业转型升级，保障重要水产品有效供给和促进渔民持续增收。

这套丛书基本涵盖了当前国家水产养殖主导品种和主推技术，围绕《意见》精神，着重介绍养殖品种相关的节能减排、集约高效、立体生态、种养结合、盐碱水域资源开发利用、深远海养殖等绿色养殖技术。丛书具有四大特色：

突出实用技术，倡导绿色理念。丛书的撰写以"技术＋模式＋案例"为主线，技术嵌入模式，模式改良技术，颠覆传统粗放、简陋的养殖方式，介绍实用易学、可操作性强、低碳环保的养殖技术，倡导水产养殖绿色发展理念。

图文并茂，融合多媒体出版。在内容表现形式和手法上全面创新，在语言通俗易懂、深入浅出的基础上，通过"插视"和"插图"立体、直观地展示关键技术和环节，将丰富的图片、文档、视频、音频等融合到书中，读者可通过手机扫二维码观看视频，轻松学技术、长知识。

品种齐全，适用面广。丛书遴选的养殖品种养殖规模大、覆盖范围广，涵盖国家主推的海、淡水主要养殖品种，涉及稻渔综合种养、盐碱地渔农综合利用、池塘工程化养殖、工厂化循环水养殖、鱼菜共生、尾水处理、深远海网箱养殖、集装箱养鱼等多种国家主推的绿色模式和技术，适用面广。

以案说法，产销兼顾。丛书不但介绍了绿色养殖实用技术，还通过案例总结全国各地先进的管理和营销经验，为养殖者通过绿色养殖和科学经营实现致富增收提供参考借鉴。

　　本套丛书在编写上注重理念与技术结合、模式与案例并举、力求从理念到行动、从基础到应用、从技术原理到实施案例、从方法手段到实施效果，以深入浅出、通俗易懂、图文并茂的方式系统展开介绍，使"绿色发展"理念深入人心、成为共识。丛书不仅可以作为一线渔民养殖指导手册，还可作为渔技员、水产技术员等培训用书。

　　希望这套丛书的出版能够为我国水产养殖业的绿色发展作出积极贡献！

农业农村部渔业渔政管理局局长：

2021 年 11 月

前　言　FOREWORD

　　作为大宗淡水鱼之一，鲫鱼是我国重要的淡水养殖经济鱼类。从 20 世纪 80 年代开始一定规模的人工养殖和选育以来，鲫鱼遗传育种学家已经培育了异育银鲫、彭泽鲫、湘云鲫、异育银鲫"中科 3 号"和异育银鲫"中科 5 号"等 10 多个鲫鱼新品种。这些鲫鱼新品种在不同年代都分别促进了鲫鱼产业的快速健康发展，为国民提供了优质、廉价的水产蛋白，为保障我国粮食安全、满足水产品有效供给作出了突出贡献。据统计，2019 年全国鲫鱼产量为 275.56 万吨，江苏、湖北、江西、湖南、四川、广东、安徽、重庆、黑龙江、山东、浙江等省（直辖市）年产量超过 10 万吨，为我国鲫鱼主产区。

　　与"四大家鱼"等大宗淡水鱼类缺乏良种相比，鲫鱼的良种和野生种质资源丰富，但鲫鱼健康养殖技术还需完善，因水环境污染、饲料质量不达标、精准投喂技术缺乏、病害防控技术不系统等导致鲫鱼品质下降，从而进一步制约了鲫鱼产业的健康和可持续发展。2019 年农业农村部等 10 部委联合印发了《关于加快推进水产养殖业绿色发展的若干意见》，为了及时落实该文件的相关精神，完善和构建鲫鱼绿色养殖技术体系，推广和示范绿色养殖模式，提升鲫鱼品质，促进鲫鱼产业的健康发展，我们组织了有关方面的专家编写了《鲫鱼绿色高效养殖

1

技术与实例》。本书以国家大宗淡水鱼类产业技术体系鲫鱼种质资源与品种改良岗位为依托，全面系统反映了鲫鱼种质资源、新品种选育、养殖模式、养殖尾水处理和病害防控的科技进展和关键技术，可以供国家相关管理决策部门、产业部门、技术推广人员以及广大水产养殖人员参考。

本书编写过程中，多位专家参与了工作。其中，第一章鲫鱼趣味知识、第二章鲫鱼基本生物学特性由桂建芳、王忠卫编写；第三章鲫鱼绿色高效养殖技术中鲫鱼规模化苗种繁育技术由王忠卫编写，鲫鱼成鱼生态高效养殖技术由王忠卫、李为和舒锐编写，鲫鱼营养需求和投喂技术由韩冬编写，鲫鱼病害防控技术由李文祥编写，鲫鱼养殖尾水生态处理技术由徐栋、龚迎春和宋春雷编写；第四章鲫鱼绿色高效养殖案例以及第五章鲫鱼养殖品种的加工和美食由王忠卫、周莉编写。本书的编写还得到了国家大宗淡水鱼类产业技术体系多个岗位和综合试验站的大力支持，在此一并表示感谢。

由于作者水平有限，书中难免存在疏漏和不足，敬请同行专家批评指正。

编　者

2022 年 7 月

目　录　CONTENTS

第三章　鲫鱼绿色高效养殖技术 / 35

第一章 鲫鱼趣味知识

第一节　鲫鱼绿色、生态、高效的优势或特点

在鲫鱼养殖中，养殖比例最大的是异育银鲫，以及基于异育银鲫为基础群体选育出来的异育银鲫新品种。另外一些具有代表性的银鲫地理群体也是当地重要的养殖品种，这些养殖品种都具有绿色、生态、高效的优势或特点。

一、鲫鱼遗传资源丰富

通过对全国主要江河湖泊中鲫鱼野生种质资源的调查，发现我国鲫鱼具有丰富的种质资源。不同的鲫鱼地理群体在外部形态和生长性状上都有明显的差异，并通过遗传标记鉴定得到了大量银鲫克隆系（Li 和 Gui，2008；Jiang et al.，2012；Liu et al.，2017a，2017b）。方正银鲫、滇池高背鲫、淇河鲫、滁州鲫、普安鲫、缩骨鲫、额尔齐斯银鲫和达里湖鲫等具有代表性的地方性银鲫群体，已经成为独特的鲫鱼资源。

方正银鲫是黑龙江水系方正县双凤水库中一个具有特殊遗传性的两性型种群，群体中有 $10\%\sim20\%$ 的雄性，其雌性行雌核发育，雌性和雄性方正银鲫具有 156 条染色体（沈俊宝等，1983；贾智英等，2006）。1997 年该品种被全国水产原良种审定委员会认定为原种（孔令杰，2018）；1996 年第一批审定通过的异育银鲫和松浦银鲫两个新品种，就是以方正银鲫为选育基础群体选育获得的。方正银鲫是一种高背型鲫鱼品种，具有背高、头小、肥满度系数高、尾柄较短、生长快等优点（钱福根等，1993）。对其进行营养分析表明，方正银鲫是一种高蛋白、低脂肪、氨基酸含量丰富、营养价值高的养殖鱼类（尹洪滨等，1999）。遗传学鉴定结果显示，方正银鲫与滁州鲫、滇池高背鲫等地理群体有明显的遗传差异，而方正银鲫 A 系与彭泽鲫具有高度的同源性（黄生民等，1998；李名友等，2002；凌武海等，2009）。

滇池高背鲫，简称高背鲫。它是 20 世纪 80 年代在云南滇池及其水系中迅速发展起来的一个品系，现分布于云南滇池、星云湖、程海、牛栏江、金沙江等水域，是一个拥有 162 条染色体的三倍体全雌性种群，可通过雌核生殖繁殖后代（严晖等，2000；邓君明等，2013；杨祥等，2019）。其生长性状良好，个体大，生长快，适应性强。有研究报道，分布于滇池、洱海和茈碧湖的高背鲫在形态上具有明显的差异（崔悦礼等，1987；谷庆义等，1994）。滇池高背鲫与方正银鲫，在生化水平上已有明显的分化，它们很可能起源于不同的地区，由不同的祖先独立演化而形成。滇池高背鲫与云南普通鲫的 LDH 酶谱较为接近，说明滇池高背鲫最可能起源于云南本地的普通鲫（黄生民等，1988）。

淇河鲫因其产于河南北部的淇河，故称淇河鲫，是河南特有的名贵优质鱼，具有体厚背宽的特征，又称"双背鲫"。淇河鲫与普通鲫不同，鳞色略呈金黄色，体型丰满，脊背厚度约为普通鲫的 2 倍，其生长速度快，为天然三倍体鱼类（单元勋等，1985；孙兴旺，1986；李学军等，2012）。体高背厚是淇河鲫种质优异的生长性状，体高、体宽、背鳍基长等 3 个性状对体重的影响达到了极显著的水平（程磊等，2013）。在淇河鲫群体中鉴定得到了大量的克隆系，不同群体之间也具有一定的形态差异和遗传多样性（高丽霞，2011；程磊等，2013；赵晓进等，2017）。另外，对其与彭泽鲫等多种银鲫进行了系统发生关系研究，认为淇河鲫为相对独立的一支（冯建新等，2013；姚纪花等，1998，2000）。2010 年 12 月

24 日，农业部批准对"淇河鲫鱼"实施农产品地理标志登记保护。

　　滁州鲫因产于安徽省滁州市滁河（城西水库）而得名，是进行天然雌核生殖的银鲫种群之一（徐广友等，2009）。滁州鲫的染色体数目为 158 条或 160 条（张克俭等，1995），群体内存在形态特征稍有差异的 4 种类型。体型可分为高背型和低背型两大类群，其中，高背型占群体总数的 54%（管远亮等，2000）。血清蛋白电泳结果表明，滁州鲫群体内具有 4 种不同的克隆系（张克俭等，1996），与彭泽鲫、方正银鲫等雌核生殖群体遗传鉴定的比较表明，滁州鲫与方正银鲫亲缘关系最近（姚纪花等，1998）。氨基酸成分分析与营养价值评价结果表明，滁州鲫具有氨基酸种类丰富、人体必需氨基酸含量高、营养价值高、鲜味氨基酸含量高等特点（凌武海等，2011）。

　　普安鲫分布于贵州省普安县青山镇附近的天然水体，是一种在高原特定环境里经长期封闭而自然形成的银鲫类型，是一个拥有 156 条染色体的天然雌核生殖的特殊群体，由 A、B、C 3 个类型的鱼组成。其中，A 型鱼具有食性广、生长快、肉味鲜美等特点，是一种优良的鲫鱼养殖品种（俞豪祥等，1988，1991，1992；胡世然等，2010）。利用血清转铁蛋白鉴定得到了更多的普安鲫克隆系，揭示了更高的遗传多样性（安苗等，2012）。通过与其他银鲫染色体倍性及其组型比较，以及进行细胞遗传学和血清蛋白电泳等研究，发现普安鲫与黑龙江水系银鲫、云南滇池高背鲫等不是同一类型，而是被长期封闭在贵州高原特定的环境里，在漫长的进化过程中自然形成的一个新类型（俞豪祥等，1992）。

　　缩骨鲫是分布在湖南省邵阳市绥宁县和广东省韶关市翁源县的一个特殊的银鲫地方种群（俞豪祥等，1986；杨扬等，2017）。缩骨鲫与其他鲫鱼相比最显著的形态特征为其距背鳍前基约 1/3 处的后部脊椎骨开始呈萎缩状，尾柄长远小于尾柄高；躯体较高，体长仅约为体高的 1.6 倍；背鳍后基部的两侧肌肉发达，微隆起；鳔的前室远较后室大；侧线鳞 27~30。该鱼体型并不是病态畸形，而是在进化过程中自然选择的结果（吴土金，2016）。缩骨鲫与彭泽鲫的一个克隆系 H 系的亲缘关系较近，可能起源于野生鲫（李良国，2005）。缩骨鲫染色体数量为 156～162 条（俞豪祥，1986），对其生殖方式的研究表明，缩骨鲫为单性种群，可以通过雌核生殖繁殖后代（吴士金，2016）。

额尔齐斯河银鲫分布于我国新疆额尔齐斯河水系，属于新疆土著鱼类之一，其生长速度快，具耐寒、耐碱性、耐低氧、抗病力强、肉质鲜美等特点（孙素荣等，1997；刘成杰等，2015）。通过血清转铁蛋白电泳表型分析，从额尔齐斯河银鲫群体中鉴定出 8 个不同的克隆系，其中，有 4 个克隆系是新鉴定发现的（李凤波等，2009）。形态学与线粒体 DNA 研究表明，额尔齐斯河银鲫在形态上存在明显的分化，群体间缺乏基因交流，有明显的遗传分化（孟玮等，2010）。与其他银鲫群体类似的是，群体中存在高背型和低背型 2 种形态类型，高背型的平均体重为低背型的 1.3～1.9 倍，表现出更为优越的生长性能，系统发生关系研究表明额尔齐斯河银鲫源自黑龙江方正银鲫（马波等，2013）。

达里湖鲫原产于内蒙古自治区赤峰市克什克腾旗境内的高盐碱湖泊达里湖，由于湖水水质盐碱化程度高，湖中的鱼类极少，经济鱼类只有鲫鱼和东北雅罗鱼 2 种，达里湖鲫具有抗寒、耐盐碱等优良性状，能够在含盐量 6.6 毫克/升、pH 9.4 的盐碱水域中正常生长和繁殖（邵红星等，2002；张利等，2007；李志明等，2008）。达里湖鲫经长期适应后对高碱环境具有较强的耐受力，在碱度耐受实验中发现，达里湖鲫在碱度 50 毫摩尔/升时，无论在碱度突变还是渐变条件下均能很好地存活（周伟江等，2013a）。但是与淡水湖泊银鲫相比，其生长略慢，这除了与达里湖地处高寒地区（导致其生长期短）有关系外，盐碱性的水质也是一个重要原因（姜志强等，1996）。因此，达里湖鲫是进行耐盐碱鱼类良种选育、鱼类耐盐碱遗传机制研究的良好材料（周伟江等，2013b）。2010 年 11 月 15 日，农业部批准对"达里湖鲫鱼"实施农产品地理标志登记保护。

丰富的鲫鱼地理群体，为当地的鲫鱼养殖乃至新品种选育提供了重要的材料。然而，这些银鲫地理群体由于分布区域小，加上近年来过度捕捞、水体面积萎缩以及水质恶化等，导致种质资源表现出逐渐下降的局势，因此，已经建立保护区来保护这些鲫鱼种质资源，如淇河鲫鱼国家级水产种质资源保护区和太泊湖彭泽鲫国家级水产种质资源保护区。此外，淇河鲫被列为河南省保护动物等。

二、鲫鱼食性广，养殖模式多样化

鲫鱼是典型的底层滤食性鱼类，在幼苗时期，主要摄食水生浮游动植物，然后逐步过渡到以底栖生物、动植物体碎屑、人工饲料或残饵以及浮萍等水生植物为食。因此，根据鲫鱼的食性，鲫鱼可以在深水或浅水、流水或静水中生活，因此可以在大水面湖泊、水库、池塘、稻田、网箱和集装箱等各种水体中养殖；既可以采取主养，也可以采取混养和套养的方式。

三、鲫鱼适应性强，易饲养生长快

鲫鱼具有很强的耐低温、耐低氧、耐盐碱和抗病能力，从水花、夏花、冬片到商品成鱼，都适合长途运输。其既可以在寒冷的北方地区安全越冬，也可以在盐碱化严重的水体中养殖，还可以在pH 很高的水体中生活。如内蒙古达里湖，pH 高达 9.7，盐度高达45，鲫鱼在其中能存活。达里湖鲫鱼是我国鲫鱼的地理标志品牌。另外，在水质条件良好的情况下，如果做好病害防控，鲫鱼基本不发病，成活率高。在精养塘养殖条件下，低密度投放夏花鱼苗，当年个体体重就可达 500 克以上；投放大规格鱼种，当年可以长成750 克左右的大规格商品鱼，具有明显的生长优势。

四、鲫鱼选育新品种多，品种更新快

研究人员利用鲫鱼丰富的种质资源进行了大量的新品种选育研究，培育了大量的鲫鱼新品种。从 1996 年我国开始审定水产新品种以来，共有 17 个鲫鱼品种通过了水产新品种审定，新品种数量在淡水鱼类中仅次于鲤鱼新品种。异育银鲫和松浦银鲫是从黑龙江方正银鲫群体中，利用异精雌核生殖选育出来的异育银鲫新品种。彭泽鲫是从江西彭泽野生群体选育出来的银鲫新品种。红白长尾鲫、蓝花长尾鲫、萍乡红鲫和津新乌鲫等新品种是利用体色和形态，选育出来的具有一定观赏价值的鲫鱼新品种。异育银鲫"中科3号"、白金丰产鲫、长丰鲫、合方鲫和异育银鲫"中科5号"等新品种是利用银鲫特殊的双重生殖方式以及能接受并能整入外源染色体这些特点培育的养殖新品种，这些新品种已经成为最主要的鲫鱼养殖品种。另外，利用鲤鲫之间的杂交，培育了湘云鲫、湘云鲫2号、杂交黄金鲫、芙蓉鲤鲫、赣昌鲤鲫5个鲤鲫杂交新品种。这些新品种的培育加快了鲫鱼养殖品种的更新，加速了鲫鱼生态高效健康养殖模式的研发，为鲫鱼增产提质做出了重要贡献。

第二节　鲫鱼市场价值

鱼类蛋白被视为21世纪人类的最佳动物蛋白质来源，为约31亿人口提供了近20%的日均动物蛋白质摄入量，而且是直接食用的DHA（二十二碳六烯酸）和长链ω-3多不饱和脂肪酸的食物来源。DHA和脑健康密切相关，是大脑细胞膜的重要组成部分；ω-3多不饱和脂肪酸具有抗炎症、抗血栓形成、降低血脂、舒张血管的特性，同时，还对胎儿及婴儿的生长发育极其重要（特别是脑部和视力的发育）。通过提取鲫鱼肉中脂肪油并进行甲酯化处理，采用气相色谱质谱联用法鉴定鲫鱼肉中的DHA和EPA，测定其相对百分含量，结果显示，DHA为5.33%，EPA（二十碳五烯酸）为8.12%（李铁纯等，2019）。因此，鲫鱼是一种健康、经济的蛋白质来源。鲫鱼作为我国最主要的大宗淡水鱼类之一，因其肉味鲜美，已经逐渐成为老百姓餐桌上的常客，具有巨大的市场价值。

一、吃鱼健脑

研究人员通过询问的方式调查了 541 名 9～11 岁中国儿童的吃鱼频率，分为"不吃或者偶尔吃鱼""有时吃鱼"和"经常吃鱼"三组，测试了他们的智商，并调查了睡眠情况。统计结果显示，吃鱼多的孩子睡眠质量状况更好，在智商测试中的得分也更高，平均智商分数（IQ）高出 1/4。这项工作揭示了睡眠是一种可能的中间途径，即吃鱼通过改善睡眠提高了智商（IQ），具体的机制可能与 ω-3 多不饱和脂肪酸的摄入有关（Liu et al.，2016）。

研究人员研究了孕妇在怀孕期间多吃鱼对胎儿大脑和视力发育的影响，记录了 56 位母亲怀孕前和孕期的体重波动、血糖水平、血压、饮食、血液中长链多不饱和脂肪酸的含量，以及孩子出生后一个月时血液中该类脂肪酸的水平。当孩子成长至 2 岁时，利用图形视觉诱发电位（pattern-reversal visual evoked potentials，pVEP）测试孩子的视力发育情况。结果显示，在怀孕的后 3 个月里，相比于母亲不吃鱼或者每周只吃 2 次鱼，母亲每周吃 3 次或 3 次以上的鱼，其宝宝在视觉 pVEP 测试中的结果要好。当评估血液中的脂肪酸状态时，母亲与宝宝的结果呈正相关。研究结果表明，怀孕期间的鱼类摄入和围产期血清脂肪酸状态可能与婴儿期视觉系统中的神经发育相关（Normia et al.，2019）。

二、鲫鱼食用和药用价值

鲫鱼营养全面，肉质鲜嫩，含脂肪少，而且很容易被人体所吸收消化。经常食用鲫鱼，可以增加人体免疫力，增强体质，是很好的滋补和药用食材。鲫鱼的药用价值在李时珍《本草纲目》中有非常详细的介绍，近年来，关于鲫鱼的药用价值方面已经有较多的研究报道。

小清蛋白（parvalbumin）是一种在多种鱼类中都存在的蛋白

质，在鲫鱼中也存在，该蛋白已被证明能阻止与帕金森病密切相关的有害蛋白形成。研究表明，与吃鱼很少或不吃鱼的人相比，吃鱼多的人（每周 357 克或更多）15 年后患肠癌的风险降低了 12%，从而揭示了吃鱼能够防止脑部的神经退行性疾病，以及吃鱼与长期神经系统健康之间的关联（Werner et al.，2018）。

研究人员评价了山药豆腐鲫鱼汤对于食管癌术后患者手术切口愈合的效果，在常规伤口换药的基础上，试验组加服山药豆腐鲫鱼汤，每天 1 次，每次 300 毫升，于早上空腹服用，每周一疗程，共 2 个疗程。两周后观察患者伤口恢复情况，结果表明，干预后试验组切口愈合情况优于对照组（$P<0.05$），因此，山药豆腐鲫鱼汤可促进体表手术切口的愈合（万里，2019）。

肾病综合征在临床上以大量蛋白尿、水肿、低蛋白血症及高胆固醇血症为特征，研究人员利用赤小豆和鲫鱼的特性开展研究，即赤小豆味甘、性平，有利尿消肿、清热解毒之功效，鲫鱼味甘、性平温，有健脾利湿之功效。通过赤小豆鲫鱼汤对肾病综合征患者进行食疗的疗效观察，结果表明，赤小豆鲫鱼汤配合营养治疗的综合治疗方案的效果明显优于单纯的营养治疗（李建等，1999；李玉梅等，1999）。

鲫鱼味甘、性平，入脾、胃、大肠经；具有补虚益损、健脾利湿和化气行水等功效（杨锦国和杨泱，2011），且能填精补髓而升高血清蛋白，故鲫鱼是保健食疗佳品。冬瓜皮是常用的利尿剂，多用于水湿泛滥、肤表水肿、小便不利，可收以皮行皮、利水消肿之效。鲫鱼冬瓜皮汤可利尿消肿，补充人体必需蛋白质，降低血脂，促进血液循环，对水肿和低白蛋白血症有明显的疗效（王云汉和张宗礼，2012）。

三、观赏价值

鲫鱼除了具有食用和药用价值外，还具有重要的观赏价值。形态各异、体色变化多样的金鱼就是鲫鱼的变种，是从鲫鱼的一个突变体中筛选出并经驯化的观赏鱼类。除了金鱼以外，选育的水晶彩鲫、萍乡红鲫以及地方群体西吉彩鲫，也具有重要的观赏价值。

（一）金鱼

金鱼体色艳丽，体形奇特，游姿优美，品种繁多，是世界三大观赏鱼类之一（彩图 1）。其体色有红、黄、蓝、紫、黑白、双色、三色和五花色等，体型有狮子头、高头、水泡、龙晴、绒球、珍珠鳞、蝶尾和虎头等。金鱼在外部形态上产生了巨大的变异，但总体上整个鱼体可分为头部、躯干、尾部三个部分，不同品种之间都有显著的差异，如头部上端有肉瘤，鼻部上方有绒球，眼部凸出位置朝上或有水泡，鳞片有正常鳞、透明鳞和珍珠鳞，个别品种无背鳍或臀鳍，尾鳍形状变化多端（姚红伟等，2016）。金鱼起源于中国，有文献记载，晋桓冲游庐山时见湖中有赤鳞鱼，此赤鳞鱼即红黄色的金鲫鱼（梁前进，1995），也就是金鱼最早的祖先。一般认为银灰色的野生鲫鱼首先变为红黄色金鲫鱼，然后再经过不同时期的家化，逐渐演化为各个品种的金鱼（王晓梅等，1999）。进化研究表明，金鱼的演化归纳为 4 个阶段，包括野生状态的红黄色鲫鱼到半家化状态的阶段、池养阶段-金鱼家化的开始、盆养阶段和有意识的人工选择阶段（陈桢，1954）。金鱼是由野生鲫鱼经历长期自然突变与人工选择、杂交等因素演化而来，从而形成多个品种（姚红伟等，2016）。

（二）水晶彩鲫

水晶彩鲫在金鱼的分类中属于身体扁平、具有背鳍、尾鳍单一的金鲫种，由于体表鸟粪素缺失，表现出透明性状（彩图 2）。经典遗传学上，依据体表，将水晶彩鲫分为透明鱼和五花鱼（徐伟等，2006）；依据体色，将水晶彩鲫体色分为肉白 a（体表完全透明，无白色鸟粪素斑块）、肉白 b（体表透明，有少量白色鸟粪素斑块）、红白、红色和杂色（体表有黑色斑纹的个体）等 5 种（徐伟等，2007）。水晶彩鲫因透明的体表和多种不同的体色，已经成为一种重要的观赏鱼类。利用静水压方法成功诱导了水晶彩鲫三倍体和四倍体，为观赏鱼的多倍体品种选育提供了重要参考（桂建芳等，1990，1991，1995）。

（三）西吉彩鲫

西吉彩鲫是宁夏回族自治区的保护鱼类和特有品种，主要分布于固原市西吉县境内经强烈地震后所形成的堰塞湖中，以6个天然水堰和1个水库为主要生活水域，所以定名为"西吉彩鲫"。西吉彩鲫颜色五彩斑斓，多种多样，主要有纯白、纯红、纯黑、纯蓝、金黄或黑紫等品种，也有身披红、黄、蓝、白、黑各色中的双色、三彩、五花的群体，或在侧线上方间杂多种色彩，体色艳丽，五彩缤纷，宛如美丽的金鱼。令人惊奇的是，西吉彩鲫只能在地震湖这种独特的水域环境中生存，且长期保持自身的五色花纹，如果放养于异质水中，彩色花纹就会逐渐消失，与一般鲫鱼相差无几，因此被认为是鲫鱼的一个变种（林金火等，1982；王春元等，1987；楼允东等，2015）。

（四）萍乡肉红鲫

萍乡肉红鲫（彩图3）又名萍乡红鲫，是一种自然野生的三倍体银鲫突变体，主要分布在江西萍乡地区天然水域，萍乡周边地区如江西宜春、湖南醴陵部分县市也有零星分布。江西省萍乡市水产科学研究所、南昌大学和江西省水产科学研究所研究人员从江西省萍乡市赤山镇自然水域采集的860尾变异的野生红鲫，以体色、体重和生长速度为选育指标，采用群体选育方法，经过7年6代的提纯选育，获得了水产新品种认证（GS-01-001-2007），也被农业部认定为农产品地理标志品种，是继赤峰达里湖鲫鱼后的第二个鲫鱼地理标志品种。新品种具有体色纯正、个体生长快、肉质鲜美、易繁易养、观赏价值高等优点。

萍乡肉红鲫的观赏价值在于其体色和鱼体的透明性状，因其鳃盖、鳞片透明，通体呈肉红色而得名肉红鲫。其体色和透明性状在不同生长阶段差别很大，成鱼头部和背部为橘红色，腹部为肉红色。幼鱼阶段通体透明，能看到鳃丝和内脏轮廓；成鱼阶段鳃盖、鳞片透明，能看到鳃丝（史建伍，2014；楼允东，2017）。

第三节　国内外鲫鱼养殖发展历程

银鲫广泛分布于从北欧至亚洲各地，中国（蒋一圭，1983）和苏联（Cherfas et al.，1981）学者最早发表了有关于银鲫生殖方式的报道。随后，在英国、意大利、德国、匈牙利、希腊、捷克和哈萨克斯坦等欧亚大陆的多个国家被广泛报道（Hanfling et al.，2005；Toth et al.，2005；Liousia et al.，2008；Vetešní et al.，2007；Kalous et al.，2007；Sakai et al.，2009）。然而除了中国以外，在这些国家鲫鱼仅仅处于自然野生状态，没有大规模人工繁育并养殖的报道。我国的鲫鱼养殖追溯到 1 700 多年前在野外发现的红色突变体赤鳞鱼，后经民间到宫廷再到民间等几百代的杂交培育和繁衍挑选，成为现今造型各异的有几百个品种、雅俗共赏、被誉为"国之瑰宝"的金鱼。春秋末年范蠡所著的《养鱼经》，则首次详细描述了养殖鱼池构造、亲鱼规格、雌雄鱼搭配比例、适宜放养的时间以及密养、轮捕、留种增殖等技术环节，是第一部淡水鱼类养殖的技术范本。然而真正的鲫鱼规模化养殖开始于 20 世纪 80 年代，经过近 40 年的发展，我国鲫鱼养殖取得了重大进展，其间经历了几个突破性阶段（图 1-1）。第一阶段是 20 世纪 80 年代，从 80 年代初的全国 2 万多吨的产量，增长到 80 年代末的 20 多万吨，这一阶段鲫鱼产量快速增长的原因是异育银鲫的培育和推广。第二阶段是 90 年代初到 2005 年，这个阶段全国鲫鱼产量产生了更大的飞跃，从 20 多万吨增长为近 200 万吨，这一阶段高背鲫、彭泽鲫等鲫鱼新品种的推广应用为鲫鱼产量的快速增长做出了重要贡献。第三阶段是 2006—2015 年，其中 2006—2008 年每年的鲫鱼产量与

2005 年相比基本保持持平，甚至还有下降的趋势。2008 年异育银鲫"中科 3 号"新品种推出后，迅速在全国各地得到推广应用，在鲫鱼主产区，养殖品种得到快速更新，异育银鲫"中科 3 号"的养殖总量占全部鲫鱼养殖品种的 70% 以上，全国鲫鱼产量迅速提高，每年都维持较高的增长，2015 年鲫鱼总产量达到 291 万吨。第四阶段为 2016 年以来，由于鲫鱼病害带来的影响，养殖面积有所减少，每年的鲫鱼产量比 2015 年有一定的下降。可喜的是，2016—2018 年又审定通过了长丰鲫、合方鲫和异育银鲫"中科 5 号"3 个鲫鱼新品种，这必将带来新一轮鲫鱼养殖的快速发展。

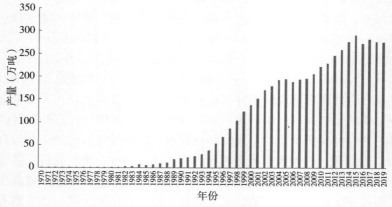

图 1-1　全国鲫鱼产量统计

第四节　鲫鱼养殖产业现状和前景展望

一、养殖产业现状

鲫鱼作为大宗淡水养殖鱼类之一，是我国重要的淡水养殖经济鱼类，在我国绝大部分地区都有大规模养殖，主要集中在东部、中部和南部地区。江苏、湖北、江西、湖南、四川、安徽、广东、山东、浙江等省为我国鲫鱼主产区，年产量超过 10 万吨。近年来，吉林和辽宁等东北地区的养殖也逐渐增加，以盐碱地池塘养殖为主。江苏省是我国鲫鱼的主要养殖地区，该省鲫鱼 2018 年产量达 63.5 万吨，连续多年位居全国首位，素有"全国鲫鱼看江苏、江苏鲫鱼看盐城"之说（张丽丽和袁圣，2013）。

从 20 世纪 80 年代发现银鲫具有雌核生殖并培育出第一代银鲫新品种异育银鲫以来，鱼类育种学家先后培育了彭泽鲫、湘云鲫、高背鲫、异育银鲫"中科 3 号"、异育银鲫"中科 5 号"等多个鲫鱼养殖新品种（系），极大地推动了鲫鱼产业的快速健康发展，同时，加上鲫鱼集约化养殖模式的不断推广，鲫鱼产量持续增长。据统计，2018 年全国鲫鱼总产量将近 280 万吨，并一直呈现持续稳定增长的态势。鲫鱼产业的发展为促进农村产业结构调整、多渠道增加农民收入、保障食品安全、优化国民膳食结构、提高农产品出口竞争力做出了重要贡献。

然而，进入 21 世纪以来，随着集约化程度的不断加大，养殖密度的增加以及养殖水环境的不断恶化，鲫鱼常见病害包括孢子虫、鳃出血、大红鳃等病虫害暴发频繁，已经严重影响鲫鱼产量的提高和品质的提升，给养殖户和整个鲫鱼产业带来严重损失。而且鲫鱼价格波动很大，并且与一些特色鱼类相比，价格偏低，随着饲料、塘租和人力成本的提高，鲫鱼养殖的效益偏低，部分养殖户甚至亏本。目前，我国大部分地区的鲫鱼养殖还是基本以牺牲资源和环境的粗放式养殖为主，养殖装备及捕捞技术相对落后，生态、高效、健康系统化的养殖技术体系尚未建立。尽管已经开始注重鲫鱼饲料的研发，但是鲫鱼养殖颗粒饲料系数相对偏高，过高的饲料系数不仅导致生产成本提高，而且造成粮食资源浪费，增加了水环境污染。此外，缺乏"育繁推一体化"的大型水产公司，现代水产种业体系尚未建设形成。因鲫鱼自身特点，鲫鱼消费市场依然以活鱼为主，鲫鱼贮藏与加工处于初级阶段，需要有鲫鱼产业下游生产链的开发和延伸，提高其附加值。消费市场主要在国内，出口较少，主要出口地区有韩国、日本、俄罗斯远东地区、东南亚地区等（胡文娟等，2017）。

二、养殖产业前景展望

随着人们对绿色食品需求的增加和国家对水环境保护要求日益严格，发展无病害苗种生产、无公害养殖、生态养殖和有机养殖等绿色养殖模式是未来鲫鱼养殖发展的主流方向，鲫鱼养殖将具有更广阔的发展前景。

（一）绿色循环生态养殖模式将成为主流养殖模式

有限的水资源和土地已经成为水产养殖发展的制约因素，传统高耗能低效益的养殖模式逐渐被市场淘汰，需要发展绿色循环生态养殖模式，在保护水环境的前提下，提升鲫鱼品质。工厂化循环水养殖、稻鱼综合种养、推水式集装箱循环水养殖等绿色养殖模式将成为主流，逐步实现整个养殖过程的监控，做到养殖尾水的净化处理和循环使用，营养物质的零排放，较少甚至不使用水产药物，切实降低鲫鱼养殖风险，提高效益和鲫鱼品质。

（二）无特定病原健康苗种生产将降低鲫鱼养殖病害的发生

目前养殖鲫鱼病害的发生常常与苗种本身直接相关，很多育种单位培育的苗种都带有病原菌，一些本来不发生病害的地区，因引进外地的苗种也出现了病害发生的情况，因此培育无特定病原（specific pathogen free，SPF）健康苗种是未来苗种培育的重要内容。苗种繁育单位需要建立完整的 SPF 苗种生产的检测设施，包括微生物和病毒检测设备，隔离检疫单元，独立的蓄养池、培育池、育苗池、饵料培育池以及消毒设施，建立 SPF 健康苗种生产技术规范，从源头上消除病原，从而减少养殖过程中的药物用量，节约养殖成本，提高鲫鱼品质。

（三）新型安全环保饲料将成为鲫鱼养殖的主要饲料来源

鲫鱼是典型的底层鱼类，在传统的池塘养殖模式中，一般投喂30％蛋白含量的沉性饲料，可能会造成饲料浪费多、环境污染、鱼体肉质下降等关键问题。因此，必须开展浮性膨化饲料等新型饲料的研发和配制技术、驯化以及精准投喂等技术研究，基于不同生长季节鲫鱼的生长特性及营养需求，建立系列饲料配制技术体系，以及营养和肉质改良技术，并最终集成高效安全水产饲料关键技术，在全国开展推广示范。

（四）发展鲫鱼加工技术，提高加工附加值

我国的鲫鱼消费市场以鲜活鲫鱼为主，增加了消费者的烹饪加工难度，从而制约了鲫鱼的销售。因此发展鲫鱼初加工，生产符合大众消费口味的休闲鲫鱼食品，是未来发展的重点之一。另外，鲫鱼鳍、鳞片等下脚料直接成为垃圾会污染环境、影响卫生。其实鲫鱼下脚料可以用来提取鱼油、抗菌肽，制作鱼露等调味品，因此需要突破加工技术，拓展鲫鱼加工附加值。

（五）"育繁推一体化"现代种业体系的建立将促进鲫鱼产业的健康发展

鼓励水产大型企业进行水产种业技术创新，建设育种创新能力强、品种市场占有率高的种业企业。把种业科技创新放在更加突出的位置，把增强种业企业核心竞争力作为主攻方向，构建以产业为主导、企业为主体、基地为依托、产学研相结合、"育繁推一体化"、具有国际先进水平的现代水产种业体系。水产种业体系建成后，将加快突破性新品种培育，提升鲫鱼良种综合生产能力，促进养殖新技术新模式的示范，以及提高新品种推广应用覆盖率（王建波，2018）。

第二章
鲫鱼基本生物学特性

第一节　鲫鱼独特的遗传基础和分类地位

　　鲫鱼在我国不同地方有不同的俗称，如喜头鱼、鲫瓜子、鲋鱼、鲫拐子、朝鱼、刀子鱼、鲫壳子等，是我国淡水鱼类中分布较为广泛的经济养殖鱼类之一。其生活适应能力强、食性广、抗病能力强、易饲养，是适合人工养殖的优质鱼类。一般来说，鲫鱼是鲫（*Carassius auratus*）和银鲫（*Carassius gibelio*）的合称。人工驯养和选育的众多金鱼（goldfish）也都源于鲫，被称为鲫的变种或选育品种。鲫鱼是天然多倍化的产物，具有100条染色体，是已二倍化了的古老四倍体，英文一般称为crucian carp，由于分类学家林奈（Linnaeus）最先命名鲫的样本源于金鱼，导致西方的专家至今还将野生鲫（*Carassius auratus*）称为goldfish。银鲫具有150多条染色体，是四倍体鲫再一次多倍化后的产物，被称为六倍体。由于基因组的再次加倍所带来生殖方式的改变以及形态和生理变化，使其在分类上已由过去鲫的亚种（*Carassius auratus gibelio*）改称为银鲫种（*Carassius gibelio*）（Kottelat，1997；Gerstmeir和Roming，1998；Bogutskaya和Naseka，2004；Kottelat和Freyhof，2007；Vekhov，2008），英文现在一般称为gibel carp，过去也被称为silver crucian carp或Prussian carp（Gui和Zhou，2010）。因而，鲫鱼有非常独特的遗传基础，在科学文献中，鲫与银鲫现在一般并称为多倍体鲫复合种（Zhou和Gui，2017）。

四倍体鲫包括我们常说的野生的普通鲫和经人工驯养、选育的金鱼。在外观形态上，银鲫和普通鲫十分相似，几乎很难直接区分，准确区分需要通过染色体和DNA含量测定来判断。六倍体银鲫被发现比普通鲫有更强的生态适应性，在生长、抗病和抗逆能力上也表现出明显的优势。因此，现今养殖的鲫鱼基本都是以从银鲫中选育改良的品种为主，特别是异育银鲫及其系列品种。除此之外，银鲫与普通鲫在生殖方式上也有显著差异。尽管都属于卵生和体外受精发育的繁殖方式，但四倍体普通鲫已二倍化，性成熟的雌、雄普通鲫亲鱼分别产卵和排精，卵子和精子相遇而受精，配子染色体融合形成二倍体的受精卵，进而发育成普通鲫后代。然而，银鲫是具有雌核生殖能力的特殊多倍体鱼类，银鲫成熟卵子在任何外源雄鱼精子的刺激下，都可通过雌核生殖产生与银鲫母本相同的后代，并由此培育出异育银鲫及其系列品种（Gui 和 Zhou，2010）。同时，银鲫这种单性雌核生殖的能力，也使它及由它培育的改良品种更易于被快速推广，这也是中国鲫鱼养殖产量快速增长的重要因素之一。作为绿色生态高效养殖的主要淡水品种之一，鲫鱼全国总产量自 2005 年突破 200 万吨以来，呈现逐年稳定增长的良好态势。2018 年，全国总产量近 280 万吨，在绿色、生态和高效养殖中具有明显的优势和特点。

第二节　鲫鱼养殖分布

鲫鱼因具有耐低氧、耐低温、抗病抗逆强等特点，具有非常广泛的养殖分布，为欧亚地区常见淡水鱼。黑鲫也称为欧鲫，主要分布在中欧、东欧，以及俄罗斯的勒拿河等区域，在我国仅分布于新疆的额尔齐斯河流域（王咏星等，1995）。鲫鱼分布广泛而且有很多变种，如金鱼、红鲫、白鲫等。银鲫具有最广泛的养殖分布，也具有高度的克隆多样性，不同地理群体的银鲫具有明显的形态和遗传差异。鲫鱼和银鲫广泛分布于中国、日本、朝鲜半岛及欧洲等多个国家和地区，现已被引进到世界各地的淡水水域中。我国长江流域、珠江流域和黄河流域的多个省（直辖市）为鲫鱼主产区，除青藏高原外，全国各地江河、湖泊、水库、池塘等水体中都有分布。

第三节　鲫鱼形态特征

鲫鱼分为四倍体鲫和六倍体银鲫，合称为鲫复合种。银鲫的外形与鲫鱼十分相似，但银鲫一般个体大，侧线鳞较多（29～33），一般以 30～32 居多；而鲫鱼的侧线鳞较少（27～30），一般以 28～29 居多。就体型而言，异育银鲫的体较高，体高与体长之比一般为 45% 左右；鲫鱼的体较矮，体高与体长之比一般为 40% 左右。因此，可以将侧线鳞平均值在 30 以上和体较高作为异育银鲫的外形特征。鲫鱼的形态特征一般为背高而侧扁；鱼体背部较厚、呈灰黑色；头小，吻短钝，口端位，口裂斜，唇较厚，口角无须，下颌部至胸鳍基部呈平缓弧形；头顶往后、背部前段有一轻微隆起；鼻孔距眼较距吻端为近，眼较大，侧上位；背鳍基部长，鳍缘平直，最后 1 根硬刺粗大，后缘有锯齿，背鳍起点与腹鳍起点相对，胸鳍不达腹鳍，腹鳍不达臀鳍，臀鳍基短，第 3 根硬刺粗大有锯齿；尾鳍叉形；体被大圆鳞，鳞片后缘颜色较深，使鱼体呈灰黑色；侧线完全，略弯。

第四节　鲫鱼生态习性

鲫鱼为典型的底层鱼类，对环境有较强的适应能力，对水体的 pH、溶解氧、温度、氨氮等理化因子都有较广的适应范围，因此适宜在各种水体中养殖，既可在江河、湖泊和水库等大型水体中养殖，又适于在池塘、网箱、稻田和集装箱等小水体中养殖。鲫鱼对水温的适应范围广，最佳生长水温 25～30℃，在此温度范围内，银鲫摄食旺盛，生长速度快。因具耐低温和耐低氧特性，鲫鱼在全国各地均可安全越冬。生长期在长江流域为 3—11 月，其中，7—9月生长速度最快。

鲫鱼为底层杂食性鱼类，对食物的要求不是很严格。在自然条件下，既能以浮游动物、浮游植物为食物，又能摄食底栖动植物以及有机碎屑等。因此，在鲫鱼养殖中，可以根据食性和生活水层的差异，搭配不同的养殖对象，采用多种养殖模式，实现自然资源和饲料的充分利用。鲫鱼食性随着其个体大小、季节、环境条件、水体中优势生物种群的不同而相应有所改变。在天然水体中，刚孵化出膜 3～5 天、体长为 1.5 厘米以下的水花鱼苗，一般以自然水体中的小型轮虫为开口饵料；1.5～3 厘米的乌仔或者夏花苗种，主要摄食体型较大的藻类、轮虫、枝角类、桡足类、摇蚊幼虫以及其他昆虫幼虫等，这个时期是以动物性食料为主；3 厘米以上的夏花鱼种一直到成鱼，则以植物性食料为主，如附生藻类、浮萍和水生维管束植物的嫩叶、嫩芽等。而在人工养殖的池塘中，鲫鱼喜食大麦、小麦、豆饼、玉米和配合饲料等，同时，还兼食水体中的天然饵料。近年来，随着鲫鱼产业的快速发展、消费者对大规格鲫鱼的需求增长以及鲫鱼专业饲料研发投入加大，目前鲫鱼养殖中除了养殖早期仍然采用培育小型轮虫和投喂豆浆以外，一般采用投喂鲫鱼专用饲料，根据鱼体大小投喂不同颗粒大小的配方饲料，获得更好的养殖效果。

第五节　鲫鱼繁殖特性

鲫鱼与"四大家鱼"、鲤和鳊等大宗淡水鱼类的繁殖特性有所不同，具有非常独特的繁殖特性。鲫鱼包括银鲫和普通鲫鱼，两者之间也具有不同的繁殖特性，异育银鲫具有特殊的繁殖方式——"异精雌核生殖"，而普通鲫鱼则为常见的两性生殖鱼类。银鲫繁殖时，兴国红鲤精子在银鲫卵质中不形成雄性原核，也不与卵原核相融合，由此发育成的异育银鲫既保持了银鲫的优良性状，又从"父本"获得了生长优势，其子代仍以同样的雌核生殖方式繁殖，不发生性状分离现象，产生与母本相似的全雌性后代。而普通鲫鱼属于卵生和体外受精发育的繁殖方式，每年的繁殖季节，在合适的条件下，性成熟的雌雄亲鱼分别产卵和排精，卵子和精子结合而受精，两者的染色体融合形成二倍体的受精卵，进而发育成一个完整的鲫鱼胚胎并发育成个体。一般情况下，鲫鱼每年繁殖1次，在每年的春节完成，但是通过强化培育，在秋季可以进行第二次繁殖。相比于普通鲫鱼，银鲫具有明显的生长和抗病优势，因此一般利用异育银鲫繁殖鲫鱼。

异育银鲫既能在河流、湖泊中产卵，也可在池塘中产卵；既能在自然条件下繁殖，也可人工催产。一般2龄可达性成熟，每年的3—6月为繁殖期，4月为繁殖盛期。尤其要注意的是，异育银鲫中多个品种的繁殖季节有所不同。如高背鲫，成熟产卵期较早，一般在3月就有可能成熟，稍不注意温度变化就可能导致流卵；异育银鲫"中科3号"略晚于高背鲫；而异育银鲫"中科5号"最晚，一般在4月中下旬，而且繁殖持续时间长。

与"四大家鱼"的浮性卵不同的是，鲫鱼产黏性卵，产出的卵一经与水接触即产生黏性，并吸水膨胀，可凭借卵膜的黏性黏附在水草、水面悬浮物、网片或人工鱼巢上，完成孵化过程。因此，在人工繁殖过程中，一般需脱黏后在孵化设备中进行流水孵化。当然，也可以采用半人工繁殖方法，利用其黏性，将受精卵黏附在人工鱼巢上，直接在苗种培育池中孵化。

第六节　鲫鱼生长特性

鲫鱼中银鲫的生长能力显著优于普通鲫鱼，养殖池塘的条件、鱼种放养密度、搭配放养品种、饲料种类品质和投喂量等条件是影响银鲫生长的重要因素。在一般养殖模式中，银鲫养殖是采用两年养成成鱼的方式。当年繁殖的水花苗种，经培育至夏花，再采用主养方式养到年底，一般可以养成个体达 50～100 克的大规格冬片鱼种；翌年无论采取主养还是套养模式，经一年养殖后可获得400～600 克的大规格商品鱼，最大可以达到 750 克以上。因银鲫具有优良的生长性状，也可以采用一年养成成鱼的方式，在低密度养殖条件或者套养模式中，当年就可以养成 500 克左右的大规格商品鱼。

第七节　鲫鱼主要绿色新品种生物学特性

异育银鲫与以异育银鲫为基础群体选育出来的异育银鲫新品种，是鲫鱼养殖中最主要的绿色新品种。从 20 世纪第一代异育银鲫到最近的第五代异育银鲫"中科 5 号"，一系列异育银鲫新品种在不同时期都极大地推动了鲫鱼产业的快速发展。同时，以黄金鲫和湘云鲫等为代表的鲤鲫杂种，也在不同养殖区域发挥了重要作用，是鲫鱼养殖产业的重要补充。本节描述目前仍然有较大养殖比例的绿色新品种。

一、异育银鲫

异育银鲫是中国科学院水生生物研究所培育的第一代银鲫水产

新品种。科研人员在研究中发现，用黑龙江省方正县三倍体雌核发育的银鲫与兴国红鲤受精产生的子一代，与母本相比，表现出明显的杂交优势，被称为异精效应，因此这些后代被称为异育银鲫（蒋一圭，1983）。异育银鲫的生长速度比母本方正银鲫快34%以上，比南方本地鲫鱼快2倍，各种营养成分均和本地鲫鱼相近（龚明耀，1983）。异育银鲫是1996年全国水产原良种委员会首次进行新品种审定就通过的水产新品种，品种登记号为GS-02-009-1996。

（一）形态特征

异育银鲫体型与普通鲫鱼相似，背高大于普通鲫鱼，腹部圆，体色青灰，腹部银灰色，鳞片较普通鲫鱼小。

（二）繁殖生物学特性

异育银鲫是方正银鲫通过雌核生殖获得的后代，子代仍然具有雌核生殖的特性。同时，通过不同异育银鲫克隆系之间的杂交发现，异育银鲫除了具有雌核生殖繁殖方式以外，还具有两性生殖方式，从而揭示了异育银鲫独特的双重生殖方式。即当银鲫的卵子与异源精子受精时，卵子启动雌核发育，产生与母本性状一致的全雌性后代；而当银鲫卵子与银鲫种群内天然存在的雄鱼同源精子受精时，卵子采用有性生殖方式产生遗传分化的雌性和雄性后代（Zhou et al.，2000；桂建芳等，2007）。

（三）遗传学特性

异育银鲫由多个银鲫克隆系组成，利用转铁蛋白可区分出A、B、C、D、E和F等多个不同的雌核发育克隆系，不同克隆系之间线粒体基因组上也有明显的差异（桂建芳等，1997）。其中，D系银鲫经过选育后就是后来得到广泛推广的高背鲫；异育银鲫"中科3号"就是利用A系银鲫和D系银鲫杂交获得；异育银鲫"中科5号"以E系银鲫为育种材料经选育获得。

（四）新品种优良性状

异育银鲫食性杂，饲料来源广，硅藻、枝角类、水生昆虫、蝇蛆、豆饼、大麦、小麦、玉米及植物碎屑等都是它喜食的饲料。异育银鲫生长速度快，从鱼苗下塘到养成夏花鱼种成活率可高达80%，夏花鱼种养成成鱼成活率可达90%。生长速度比其母本快30%，比普通鲫鱼快2倍。当年繁育的夏花，经过5个月饲养，最大个体可达0.65千克（曹杰英，1985）。异育银鲫疾病少、成活率高、易起捕，二网起捕率为49.83%，远远高于普通鲫的7.7%（陶乃纾等，1990）

二、高背鲫

高体型异育银鲫，是中国科学院水生生物研究所采用生化遗传标记和组织移植亲和性检测方法，从黑龙江方正县双凤水库引进的野生银鲫多个品系中选育出来的（冯荣甫，1995；蔡创，1997；吴华，2011）。在异育银鲫育苗和养殖推广实践中，从异育银鲫混合品系中筛选出一种体型较高、生长速度比另一种体型较低的异育银鲫品系（俗称平背鲫、A系银鲫）快的品系，命名为"高体型异育银鲫"，简称"高背鲫"。

（一）形态特征

高背鲫的体型较高，平均体高为体长的47%，体色银灰略带黄色，背部色较深。肝脏肥大是高背鲫的一大特点（叶泽雄等，2003），其他性状与异育银鲫相似（彩图4）。

（二）繁殖生物学特性

高背鲫是开展人工繁殖最早的异育银鲫，其能在自然环境条件下自然产卵、受精，而不像"四大家鱼"那样需要流水刺激，性腺才能进一步发育成熟后进行人工繁殖。高背鲫的性腺有个迅速发育期，性腺能在 1～2 周内快速发育成熟，达到人工催产要求（叶泽雄等，2003）。因此在春季，水温开始回升时，不能给高背鲫亲鱼池冲水或加微流水，否则，流水会刺激亲鱼性腺发育成熟导致流产（叶玉珍等，1998）。

（三）遗传学特性

高背鲫即异育银鲫中的 D 系银鲫，在遗传学上与异育银鲫 A 系具有明显的差异，染色体数为 162 条，而 A 系银鲫染色体为 156 条。SSR、AFLP 及线粒体 DNA 分子标记，也证实 2 个克隆系具有不同的遗传背景（Wang et al.，2011）。

（四）新品种优良性状

高背鲫具有食性广、易饲养、好捕捞、产量高、适应性强、疾病少、成活率高、可在多种水体中饲养、个体大、生长快、周期短，经济价值高等优点，其养殖产量比未经选育的异育银鲫混合品系的养殖产量高 10％～20％，也是休闲垂钓的优选对象之一（王昌辉等，2016）。

三、异育银鲫"中科 3 号"

异育银鲫"中科 3 号"，是中国科学院水生生物研究所淡水生态与生物技术国家重点实验室桂建芳研究员等在国家 973 计划、国家科技支撑计划和国家大宗淡水鱼类产业技术体系等项目的支持下培育出来的异育银鲫新品种。它是在鉴定出可区分银鲫不同克隆系的分子标记、证实银鲫同时存在雌核生殖和有性生殖双重生殖方式的基础上，利用银鲫双重生殖方式，从高体型（D 系）银鲫（♀）与平背型（A 系）银鲫（♂）交配所产后代中筛选出的少数优良个体，再经异精雌核发育增殖，经多代生长对比养殖试验评价培育出来的。该品种 2007 年通过水产新品种审定，品种登记号为 GS-01-002-2007（彩图 5）。

（一）形态特征

异育银鲫"中科 3 号"与一般的银鲫体型较为相似，与高背鲫相比，体色为银黑色，鳞片更为紧密，背部较平。其可量形态学性状见表 2-1。

表 2-1　异育银鲫"中科 3 号"主要可量形态学性状

项目	标准值
体长/体高	2.60±0.06
体长/头长	4.30±0.19
体长/吻长	4.46±0.50
头长/眼径	4.22±0.18
头长/眼间距	2.01±0.10
体长/尾柄长	8.68±0.47
尾柄长/尾柄高	0.74±0.04

通过解剖发现，异育银鲫"中科 3 号"的肝脏比高背鲫更加致密，颜色更加鲜红，几乎覆盖整个肠部（彩图 6）。

（二）繁殖生物学特性

异育银鲫"中科 3 号"同样具有异精雌核发育的繁殖特性，即以兴国红鲤精子刺激发育，以保持自身的优良性状。每年的 3—6 月为繁殖期，4 月为繁殖盛期。水温上升到 16℃左右时，即开始产卵，水温升至 20℃左右时，为繁殖最佳时期。

（三）遗传学特性

异育银鲫"中科 3 号"的染色体众数为 156 条，与父本 A 系银鲫相同。转铁蛋白、AFLP 和微卫星等分子标记分析表明，异育银鲫"中科 3 号"的核基因组与父本 A 系银鲫相同，而与母本 D 系银鲫不同。线粒体基因研究表明，异育银鲫"中科 3 号"与母本

D 系银鲫相同，而与父本 A 系银鲫不同。因此，异育银鲫"中科 3 号"A 系银鲫精子在 D 系银鲫卵子中，经雄核发育产生的核质杂种仍然保持了雌核生殖的特性和高度的遗传稳定性。

（四）新品种优良性状

与已推广养殖的高体型异育银鲫相比，异育银鲫"中科 3 号"具有以下优点。

1. 生长速度快，出肉率高

异育银鲫"中科 3 号"与高背鲫相比，1 龄异育银鲫"中科 3 号"比高体型异育银鲫生长平均快 28.43%；2 龄异育银鲫"中科 3 号"比高体型异育银鲫生长快 18.0%；3 龄异育银鲫"中科 3 号"比高体型异育银鲫生长快 34.4%。同时，通过 2 种鱼类去内脏后的体重比较，发现异育银鲫"中科 3 号"的出肉率比高体型异育银鲫高 6%以上。

异育银鲫
"中科 3 号"
养殖技术

2. 遗传性状稳定

异育银鲫"中科 3 号"依然保持了雌核生殖的特性，在苗种繁育中，采取用兴国红鲤精子诱导雌核生殖的繁殖方式，经连续多代的遗传稳定性检测，繁殖后代保持高度的遗传稳定性，经多年养殖推广后无种质退化现象发生。

3. 体色银黑，鳞片紧密，不易脱鳞

异育银鲫"中科 3 号"与高背鲫相比，体色偏银黑，接近野生鲫鱼的体色特征。另外，经过捕捞操作和长途运输后发现，因鳞片比高背鲫更加紧密，不容易脱鳞，具有更好的市场接受度，价格也比常规的养殖鲫鱼品种高。

4. 肝脏碘泡虫病发病率低

在异育银鲫"中科 3 号"与高背鲫同池饲养条件下，肝脏感染碘泡虫患病或死亡的个体均为高背鲫，异育银鲫"中科 3 号"平均成活率比高背鲫高 20%以上，表明两者的抗病能力存在明显差异。

异育银鲫"中科3号"肝脏碘泡虫病发病率低，是其深受渔民喜爱的优点之一。

四、长丰鲫

长丰鲫是中国水产科学院长江水产研究所和中国科学院水生生物研究所培育的水产新品种（Li et al.，2016），是以异育银鲫D系为母本、以鲤鲫移核鱼（兴国红鲤为供体）为父本进行异精雌核生殖选育，自2008年起以生长性能为主要选育指标，经过3代异精雌核生殖选育后，获得遗传稳定的复合四倍体群体，后经细胞学、分子生物学技术，经过4代异精雌核生殖选育成的遗传稳定的四倍体异育银鲫。在相同养殖条件下，1龄长丰鲫平均体重增长比异育银鲫D系快25.06%～42.02%，2龄快16.77%～32.1%。高度不饱和脂肪酸（$n \geqslant 3$）比异育银鲫D系提高115.16%，DHA含量较异育银鲫D系提高255.17%。适宜在我国各地人工可控的淡水水体中养殖。该品种2015年通过水产新品种审定，品种登记号为GS-04-001-2015。

（一）生物学性状

长丰鲫体型短，体侧扁而高，头小吻钝，口端位，下唇厚，唇后沟仅限于口角，无须，眼小，位于头侧上方，背鳍具有硬刺，外缘平直，后缘锯齿粗，排列稀。胸鳍不达腹鳍。尾鳍分叉浅，上下叶末端尖。鱼体背部、背鳍为黑灰色，体侧银白色（彩图7）。

1. 可数性状

左侧第一鳃弓外侧鳃耙数38～42；侧线鳞数31～33，侧线上鳞数7，侧线下鳞数6，背鳍式Ⅳ-16～18，胸鳍式Ⅰ-12～14，腹鳍式Ⅰ-8～9，尾鳍式19～21，均与异育银鲫D系无区别。

2. 可量性状

全长/体长为1.231±0.015，体长/头长为4.3±0.163，体长/体高为2.416±0.056，体长/尾柄长为5.424±0.344，体长/尾柄

高为 6.195±0.3。

（二）繁殖生物学性状

长丰鲫同样具有异精雌核发育的繁殖特性，即用兴国红鲤精子刺激发育以保持自身的优良性状。繁殖时间略晚于高背鲫，与异育银鲫"中科 3 号"等品种基本相似。水温上升到 20℃左右时，即开始产卵；水温升至 22℃左右时，为繁殖最佳时期。

（三）遗传学性状

染色体众数为 208 条，较彭泽鲫和普通银鲫染色体数多 50 条左右，ITS、转铁蛋白等位基因分析等证实，长丰鲫是 D 系银鲫整入了 1 套鲤鱼染色体形成的异源八倍体。利用微卫星检测多代雌核生殖后代，发现长丰鲫后代保持高度的遗传稳定性。

（四）新品种优良性状

1. 生长速度快

1 龄长丰鲫的体重增长平均比异育银鲫 D 系快 25.06%～42.02%，2 龄长丰鲫的体重增长平均比异育银鲫 D 系快16.77%～32.1%。

2. 外观为银鲫

可数和可量性状与普通异育银鲫无明显区别，外观与普通银鲫一致。

3. 肉质细

单位面积肌纤维数为（184±24）根/毫米^2，肌纤维较彭泽鲫和普通银鲫细 23% 和 37%。

4. 有益脂肪酸含量高

高度不饱和脂肪酸（$n \geqslant 3$）含量为 24.2%，DHA（二十二碳六烯酸）含量为 10.3%，花生四烯酸含量为 8.3%。

5. 遗传性状稳定

长丰鲫生殖方式为雌核发育，亲子代的遗传一致性达 99%以上。

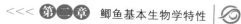

五、异育银鲫"中科5号"

异育银鲫"中科5号"是1995年利用团头鲂精子受精激活银鲫E系的卵子,再经冷休克处理创制携带团头鲂遗传物质的雌核生殖核心群体的基础上,以生长优势和隆背性状为选育目标性状,采用雌核生殖纯化、群体选育和分子标记辅助选育技术,用兴国红鲤精子刺激进行连续10代雌核生殖扩群选育而成。在相同的养殖条件下,与异育银鲫"中科3号"相比,投喂低蛋白(27%)、低鱼粉(5%)饲料时生长速度平均提高18.20%,抗鲫疱疹病毒能力提高12.59%,抗体表黏孢子虫病能力提高20.98%。适宜在全国各地人工可控的淡水水体中养殖。该品种2017年通过水产新品种审定,品种登记号为GS-01-001-2017。

(一)生物学性状

异育银鲫"中科5号"比"中科3号"背高,鱼体背部较厚、呈灰黑色。因具有团头鲂性状,头部比例较小,吻短钝,其他性状与银鲫基本相似(彩图8)。其可量形态学性状见表2-2。

表2-2 异育银鲫"中科5号"主要可量形态学性状

项目	标准值
全长/体长	1.06～1.21
体长/体高	2.48～2.79
体长/头长	3.93～5.49
头长/吻长	3.19～4.38
头长/眼径	2.26～4.92
头长/眼间距	1.96～2.19
体长/尾柄高	6.24～7.97

(二)繁殖生物学特性

异育银鲫"中科5号"同样具有异精雌核发育的繁殖特性，即以兴国红鲤精子刺激发育以保持自身的优良性状。与高背鲫、异育银鲫"中科3号"相比，异育银鲫"中科5号"的繁殖时间略晚2周左右，4月中下旬至5月上旬为繁殖盛期。水温上升到20℃左右时，即开始产卵；水温升至22℃左右时，为繁殖最佳时期。

(三)遗传学特性

异育银鲫"中科5号"的染色体众数为156条，核型公式：36m＋54sm＋36st＋30t，包括12组中部着丝粒染色体（M）、18组近中部着丝粒染色体（SM）、12组近端部着丝粒染色体（ST）以及10组端部着丝粒染色体（T）。血清转铁蛋白分离纯化后用10%的PAGE凝胶电泳，显示异育银鲫"中科5号"和"中科3号"具有不同的转铁蛋白表型，这与雌核生殖产生的后代遗传具有一致性相符，品系内的所有个体具有相同的转铁蛋白表型。异育银鲫"中科5号"和"中科3号"的线粒体全基因组大小为16 581bp，两者存在53bp的遗传差异。

(四)新品种优良性状

1. 在投喂低蛋白、低鱼粉含量饲料时生长速度快

投喂低蛋白（27%）、低鱼粉（5%）含量饲料时，1龄异育银鲫"中科5号"的生长速度比异育银鲫"中科3号"平均提高18.20%。

2. 具有更强的抗鲫疱疹病毒和黏孢子虫病的能力

重复采用浸泡或腹腔注射鲫疱疹病毒的方法，使异育银鲫"中科5号"和"中科3号"人工感染鲫疱疹病毒，统计2个品系的累积死亡率。结果表明，感染鲫疱疹病毒时异育银鲫"中科5号"比"中科3号"成活率平均提高12.59%。在小试、生产对比和中试养殖中，异育银鲫"中科5号"对体表孢子虫病有一定的抗性，异育银鲫"中科5

号"的平均成活率比"中科 3 号"提高 20.98%(Gao et al.,2018)。

3. 肌间骨的数量少

6 月龄和 18 月龄时，异育银鲫"中科 5 号"肌间骨总数分别比"中科 3 号"减少 9.47% 和 4.45%（李志等，2017）。

4. 遗传性状稳定

经过连续多代雌核生殖扩群，异育银鲫"中科 5 号"保持明显的隆背性状，个体间体型趋于一致。AFLP 和 SCAR 等分子标记分析表明，遗传性状稳定。在苗种生产中，严格采用雌核生殖进行繁殖后代，遗传纯度高，子代性状不分离。

六、彭泽鲫

彭泽鲫又称芦花鲫。原产于江西省彭泽县丁家湖、芳湖和太白湖等天然水体中（张瑞雪，1994），是由江西省水产科学研究所和九江市水产科学研究所自 1983 年开始经过 7 年 6 代精心选育的优良鲫鱼品种。经选育后的彭泽鲫生长性能发生明显改变，是我国第一批直接从天然野生鲫鱼中选育出来的新品种（徐金根等，2018）。彭泽鲫具有遗传性状稳定、生长速度快、抗病力强、适温范围广、耐氧力强、适应地区广、营养价值高、易长途运输等优点，在我国多个地区都有养殖。该品种 1996 年通过水产新品种审定，品种登记号为 GS-01-003-1996。

（一）生物学特征

彭泽鲫体呈纺锤形，色素为星光形，体色背部灰黑，腹部灰白，雄性胸鳍可达腹鳍基部，雌性胸鳍长而未达腹鳍基部，背部较低，侧线鳞等与其他银鲫相似。

（二）繁殖学特征

研究表明，彭泽鲫也是行雌核生殖的多倍体种群（王茜等，2001）。但彭泽鲫繁殖方法与其他银鲫有所不同，一般银鲫雌核生殖采用的雄鱼是兴国红鲤，而彭泽鲫利用彭泽鲫母本和彭泽鲫父本进行繁殖（刘金炉，1994；吴群等，1996；赵金奎，2006）。为了保证优良性状的稳定遗传，研究人员建议采取异精刺激雌核生殖的方式进行苗种繁殖。

（三）遗传学特征

彭泽鲫苗种的培育是通过其种群内的雌雄个体近亲交配实现的，因此目前彭泽鲫的种群高度纯合。转铁蛋白、同工酶和 RAPD 分析结果表明，彭泽鲫与方正银鲫中的 A 系银鲫具有高度相似的遗传背景（李名友等，2002）

（四）新品种优良性状

与其他养殖鲫鱼品种相比，彭泽鲫新品种具有许多优良性状。

1. 生长速度快

1 龄鱼可达 200 克以上，最大个体 650 克。在相同养殖条件下，平均生长速度比普通鲫鱼快 3 倍以上，生长优势明显。

2. 适应性强

彭泽鲫耐高温、严寒、肥水和低氧，可以在不同环境的水体中生长，而且能保持其各种优良性状。

3. 抗病能力强

与其他银鲫品种相似，具有较强的抗病能力，很少出现批量死亡现象。

4. 含肉率高，营养丰富

肌肉含蛋白质 18.3%、脂肪 1.3%，肉味鲜，体型丰满，体色黑，很受消费者青睐。

七、黄金鲫

黄金鲫是天津市换新水产良种场培育的鲫鱼新品种。该品种以散鳞镜鲤为母本、红鲫为父本，通过远缘杂交获得。因其体色金黄

（成鱼阶段较为明显），体形似鲫鱼，故定名为黄金鲫。黄金鲫是三倍体不育鱼类，克服了普通鲫鱼生长速度慢的缺点，同时，又具备像鲤鱼般的养殖产量和极易驯化上台集中抢食的优点，是一个优势明显、极具养殖前景的新品种（戴朝方等，2006）。

（一）生物学特征

黄金鲫体形优美，体长适中，全身鳞被整齐、鳞片晶莹牢固，体形与彭泽鲫相似，但比彭泽鲫要宽、要厚，成鱼体色金黄。黄金鲫生存温度为 0～38℃，生长水温为 12～32℃，最适水温为 16～28℃，6℃以上时开始摄食。该鱼性情温驯、喜集群活动，不善跳跃，常栖息于水域的中下层。

（二）繁殖学特征

黄金鲫与一般的三倍体银鲫不同，是一种三倍体不育鱼类。

（三）遗传学特征

黄金鲫后代中有全鳞型黄金鲫以及线鳞型黄金鲫，通过线粒体 DNA 和同工酶分析，两种类型黄金鲫均具有来自鲤鲫双方的遗传物质。全鳞型与线鳞型黄金鲫均符合母本为鲤鱼、父本为鲫鱼的遗传特征（杨晶晶等，2015）。

（四）优良性状

1. 含肉率高，营养价值高
黄金鲫膘肥体厚，肉质紧，含肉率高，细刺少，脏器小，鱼肉味道鲜，营养特别丰富。黄金鲫的含肉率比彭泽鲫高 11％以上。

2. 抗逆性强
黄金鲫对水环境的要求不严，在溶解氧3毫克/升以上、pH 7～9.4 的水体中都能养殖。而且具有很强的抗病、抗逆能力，几乎不感染鲫鱼常见的孢子虫病和出血病，感染车轮虫病、三代虫病、指环虫病等寄生性疾病的概率也比其他养殖鲫鱼品种小。

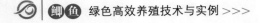

3. 生长速度快，饲料转化率高

黄金鲫饲料转化率高，从鱼种到成鱼饲料系数都小于1.5。对饲料的蛋白含量要求不严格，投喂一般的鲫鱼饲料即可。黄金鲫生长非常快，水花当年可长成400克以上的商品鱼，最大个体达600克，比生长优良的彭泽鲫快1~2倍（戴朝方等，2006）。

第三章
鲫鱼绿色高效养殖技术

第一节　鲫鱼规模化苗种繁育技术

鲫鱼规模化苗种繁育是绿色高效养殖中的起始环节，通过亲本培育、人工授精、孵化和苗种培育等过程培育出无病害、高质量的鲫鱼苗种，用于鲫鱼成鱼养殖，是鲫鱼绿色高效养殖的最关键过程。

一、亲本培育

鲫鱼亲本培育是开展规模化苗种繁育的前提和基础，直接影响卵子数量的多少和卵子质量的好坏，从而决定了苗种繁育过程中人工繁殖受精率、孵化率和苗种培育成活率的高低。因此，在亲本培育过程中必须注意采取合理的放养密度、水质调节、增氧等多种有效措施，创造适宜的亲本养殖环境，同时注意在不同养殖时期采用不同的投喂和管理模式，最终培育出怀卵量大、卵子质量好和催产孵化率高的优良鲫鱼亲本。

（一）亲本养殖池

亲本养殖池是鲫鱼性腺发育成熟过程中赖以生存的环境，对于亲本培育十分重要，在实际生产中都有一定的设计标准，以便有利于鲫鱼亲本生长和养殖操作（图 3-1）。亲本养殖池一般要求具备

图 3-1　鲫鱼亲本养殖池

独立的进排水系统，池塘一侧进水，另外一侧排水，池塘底部略有坡度，以便将池塘水全部排空，同时也有利于鲫鱼集中捕捞。池塘四周开阔，向阳通风，环境安静，一般不能种植高大落叶的树种，一方面落叶容易导致进排水管道的堵塞，另外一方面大树会引来吃鱼的飞鸟。亲本养殖池最好能够靠近产卵池和繁育车间，以便进行亲鱼转运和其他繁殖操作。亲鱼养殖池水深一般要求较深，最好在

2～2.5 米，这样在繁殖季节就不会因天气温度的急剧变化而导致水温剧烈变化，从而不会导致鲫鱼流产。近年来，随着养殖设施的不断创新完善，比如微孔增氧设施、多维环境监测系统等也逐渐被应用到亲鱼养殖池中，优化了养殖水体环境，也实现了亲本养殖过程的实时监测和监控。亲鱼养殖池面积不宜过大，一般情况下，一个亲本养殖池中的亲本一次全部进行催产繁殖，面积过大会增加拉网捕捞次数，可能导致剩余亲本的流产和性腺退化。因此，亲本养殖池的大小一般根据良种场或者繁育企业具备的繁育设施的规模，也就是一次能够繁殖孵化的苗种数量而定。在实际苗种生产中，随着拉网次数的增加，产卵率明显下降，经过 3 次拉网捕获的鲫鱼亲本其催产后产卵率急剧下降到 50% 以下，已经发育成熟的亲本经多次拉网捕捞受到多次应激后会导致流产。另外，在亲鱼成熟之前需要及时清理亲本养殖池周边的水草，否则水温突然升高达到可以繁殖的温度时，成熟亲本会排卵到水草上，导致流产。

（二）亲鱼放养

在实际生产中，一般是利用银鲫的雌核生殖特性繁殖苗种，因此，亲鱼包括银鲫母本和兴国红鲤父本，而且父本和母本必须分开培育。与银鲫商品成鱼养殖亩*产 1 000 千克甚至更高的养殖目标相比，亲鱼养殖的养殖产量一般较小，银鲫母本每亩放养总量控制在 400～500 尾，除了投放一定比例的鲢、鳙用于调节水质以外，不能混养其他底层鱼类，以保证在强化培育过程中具有更好的养殖环境，从而培育获得优质的银鲫亲本。长期的养殖实践表明，在银鲫养殖群体中存在一定比例的雄鱼，并且同一批繁育长成的雌雄鱼个体之间没有明显的生长差异，因此在年底分塘时需要严格区分雌雄鱼，并剔除雄鱼；另外，在利用兴国红鲤精子进行雌核生殖产生的后代中也检测到非常低比例的异源多倍体后代（0.3%～0.5%），这些个体比鲫鱼具有更好的生长优势，但是在外部形态特征方面表

---

* 亩为非法定计量单位，1 亩＝1/15 公顷。——编者注

现出明显的鲤鱼性状，且仍然保持雌核生殖特性，因此投放前也必须认真检查并剔除，否则异源多倍体在后代中的比例将逐渐升高。要严防其他雄鱼混入鲫鱼亲本培育池中，以免在人工繁殖前银鲫母本由于受到雄鱼的追逐刺激而流产。繁殖用兴国红鲤父本每亩放养500尾左右为宜，应在冬季进行严格筛选，剔除雌性兴国红鲤后进行专池培育。一般选择规格为0.5~1.5千克的兴国红鲤备用，这种规格的兴国红鲤的精液较多，且个体大小合适，便于操作，1尾兴国红鲤父本的精液可以繁殖30~50尾银鲫母本，具体情况按照银鲫的怀卵量确定。

（三）亲鱼培育管理

亲鱼培育管理非常重要，主要包括投喂和水质管理。在实际培育过程中，亲本培育一般使用28%~32%蛋白含量的鲫鱼人工颗粒饲料。如异育银鲫"中科5号"对植物蛋白的利用率较高，饲料蛋白要求较低，28%蛋白含量就能满足需求，其他品种对蛋白含量要求稍高。投喂时一般利用自动投饵机，每天按照鲫鱼体重的1%~5%分2~3次定时投喂，在不同的培育时期，按照鲫鱼的实际需求进行投喂。

初冬时期，后备亲本经严格筛选后按照合适的养殖密度放养到亲本养殖池，此时水温较低，但亲鱼仍然能少量摄食，在体内累积脂肪，为越冬做好准备。随着水温逐渐下降，亲鱼摄食量就显著降低，日投喂量也适当相应减少，甚至可以不用投喂。一般鲫鱼在3℃以上就能摄食，因此日投喂量需要根据水温变化确定，一般控制在体重的1%以下。

繁殖之前、开春之后的强化培育，是性腺发育的最关键时期。在这阶段，鲫鱼摄取的营养成分大量转移到卵巢和精巢发育上，而且摄食量将随着水温上升而日趋增加，可按培育池放养银鲫体重总量的3%~5%投喂饲料，进行强化培育，以促进性腺更好地发育。鲫鱼自行流产在培育中较为常见，自行流产的鲫鱼再经14~21天的强化培育后，将再次达到繁殖要求，可以再次进行正常的催产繁殖。

部分产后亲本不需要直接淘汰，经过培育后翌年还可以作为亲本进行第二次繁殖，因此，产后饲养管理也是亲本培育的重要环节。在人工催产授精过程中，亲鱼因注射激素和外力挤压受到一定程度的伤害，而且产后体质虚弱，容易感染疾病。此时，为避免亲鱼产后受伤感染，应立刻将产后亲鱼消毒，并投放于水质条件好的养殖池塘。同时，投喂质量好的配合饲料，每天按鱼体总重的2%～4%投喂，以利于产后亲鱼及时恢复体质，并提高产后亲鱼的成活率。

鲫鱼亲本的秋季培育十分重要，这个季节正是亲鱼肥育和性腺开始发育的季节，因此是亲鱼培育的关键时期，直接影响鲫鱼亲本怀卵量的多少，同时，也对亲鱼的越冬和翌年春季的性腺发育成熟具有十分重要的作用。一般可按培育池放养鲫鱼体总重的3%左右投喂饲料。

在鲫鱼亲本培育整个过程中，良好的水质条件是促进正常生长发育的重要因素，因此在养殖过程中需要定时监测。一般情况下，亲本养殖池塘的水体透明度保持在40～60厘米，溶解氧保持4毫克/升以上，其他理化指标，如 pH、氨氮等也应满足基本养殖水质要求。定期适当加注新水或者配置增氧设施或投放微生态制剂，都有利于水质指标的提升，对亲本性腺的发育具有很好的促进作用。值得注意的是，进入繁殖季节后停止加注新水，以防亲本流产。

二、人工繁殖和孵化

（一）人工繁殖季节

鲫鱼亲本一般在水温 18℃左右开始自然繁殖，18～22℃为最适催产水温。但是准确的产卵时间除了与水温、天气密切相关，还取决于亲鱼自身的性腺发育成熟度。当亲鱼达到性成熟和气温比较稳定时，就可以进行大规模人工催产。如过早开展繁殖，则会因为气温不稳定导致鲫鱼胚胎发育不正常，突发的低温会延长胚胎发育的时间，短时间低温导致苗种畸形率显著提高，较长时间低温甚至会导致胚胎发育停止而大量死亡。长期繁育实践表明，在最适温度范围内催产，效应时间为10～14小时，雌鱼产卵顺利，发情后2～4小时即可结束产卵，催产率、受精率和孵化率都在90%以上。在实际生产过程中，亲本流产的情况时有发生，尤其在长江中下游地区，经常会在3月中下旬出现连续几天的突然天气升温，会导致亲本的流产。因此，为了保证鲫鱼的充分成熟并避免流产现象发生，亲本养殖池塘的水深需要保持在2米以上，这样不会因为短暂的天气升温导致水温的变化。

（二）亲本选择

在初冬时期虽然已经对亲本进行了初步选择，但在进行人工繁殖之前还需进行一次亲本选择。一定要注意鲫鱼品种（系）的纯度，一般情况下，不同品种（系）之间有较明显的形态差异，通过形态学鉴定就可以进行区分。必要时可以利用分子标记精确鉴定，确保不能混有其他品种（系）的亲鱼，尤其是异源多倍体鲫鱼。一般情况下，在冬季起鱼时选择个体在250克以上的1龄或2龄的鲫鱼作母本，但最好选择500克左右的2龄亲本，其卵子数量多且质量也显著优于1龄亲本；2龄以下的雌鱼个体小，产的卵也小，质量较差，孵出的仔鱼及培育的苗种也较小，体质较差（姚春军等，2014）。所选亲鱼要求体格健壮、体型优良，无疾病，无畸形，鳞片完整，体色鲜亮。开始催产之前需要确认鲫鱼亲本的成熟程度，有经验的繁育技术人员通过"看"和"摸"来判断鲫鱼的成熟情况。成熟亲本一般腹部柔软、膨大，卵巢轮廓清晰，生殖孔微红，而已经自行流产亲本的生殖孔很红，应该剔除掉。也可以采用挖卵器挖卵检查，以准确鉴别鲫鱼亲鱼的成熟度，即将取卵器缓缓插入生殖孔内，然后向左或右偏少许，旋转几下轻轻抽出，即可取出少量卵粒，然后加入少量固定透明液，浸泡2～3分钟后观察卵核位置。若全部或大部分卵核偏位或极化，则表明亲鱼成熟度非常好，适合立即进行催产繁殖；如白色的细胞核居中央位置，则该亲鱼性成熟差，还需进一步培育成熟；若大部分卵粒无白色的核出现，表

明绝大部分卵子已经退化，不适合再进行繁殖。

对用作人工繁殖用的兴国红鲤父本的要求不是十分严格，一般要求 2 龄以上、体重 500～1 500 克、个体健壮的纯系品种。经培育成熟的红鲤亲本，一般在胸鳍、腹鳍和鳃盖有明显的雄性特征——"追星"，生殖孔略凹下，未经注射激素，轻压腹部时就有乳白色稠状精液流出，表明雄鱼成熟度较好，可以作繁殖用。正常的兴国红鲤，可以连续多年作为父本使用。

（三）人工繁殖

1. 催产剂的选择和配制

鲫鱼与其他大宗淡水鱼类一样，需要通过注射催产剂实现亲本产卵的同步性，从而开展大规模苗种繁育。通常，通过人工注射多种激素的混合液，激素包括用丙酮干燥的鲤鱼脑垂体（PG）、人绒毛膜促性腺激素（HCG）和促排卵素（LRH）等，适当增加地欧酮，也能提高催产效率。母本的有效剂量一般为 1 毫克/千克的 PG，300～500 国际单位的 HCG，1.0～2.0 微克/千克的 LRH 和 3～5 微克/千克的地欧酮；父本剂量一般为母本剂量的 1/2，催产剂不要直接溶解于水，而是溶解于 0.8% 的生理盐水中。人绒毛膜促性腺激素和促排卵素为粉末状，极容易溶解于生理盐水；而鲤鱼脑垂体很难溶解于生理盐水，需要先在研钵中反复研磨成粉末，再加入少许生理盐水继续研磨成浆液后，再溶解于配制所需要的全部生理盐水中。在实际操作中，为了催产注射方便，催产剂需要配制成合适的工作浓度，一般 500 克的亲本注射 1 毫升的混合催产剂溶液。

鲫鱼亲鱼催产剂注射可以采用一次注射方式和二次注射方式。在早期，苗种繁育中都采用两次注射的方式进行，即先注射全剂量的 1/10～1/5，余下的第二次全部注入鱼体内。但是近年来，为了避免多次拉网起鱼，减少注射对鲫鱼亲本的伤害，一般采用一次注射方法。即按照剂量要求，一次性把全部剂量注射入鲫鱼亲本和兴国红鲤父本。实践结果证明，只要鲫鱼亲本培育成熟度好，催产效果也同样好。

鲫鱼催产剂的注射时间，应根据效应时间和计划产卵受精时间来决定。效应时间的长短，主要由水温、催产剂种类和剂量以及亲鱼成熟度等因素决定。水温高，效应时间短；亲鱼成熟度高，效应时间短。多年的实践表明，注射 1 毫克/千克的 PG，300～500 国际单位的 HCG，1.0～2.0 微克/千克的 LRH 和 3～5 微克/千克的地欧酮的混合催产剂的效应时间一般为 10～14 小时。鲫鱼人工授精一般都在催产注射的翌日清晨进行，因此，为了第二天人工授精操作方便，一般采用一针注射方式，在前一天 20：00 左右进行催产剂注射。采用体腔注射方法，入针深度要根据亲本的大小而定，一般为 0.2～0.3 厘米，千万不要触及心脏，否则会造成死亡。同时还需要注意的是，要快速完成注射过程，尽量缩短亲本的离水时间，避免缺氧，以减少对亲本的伤害。

鲫鱼母本和兴国红鲤父本经注射催产剂后，需分别暂养在不同的产卵池中（图 3-2）。尤其需要注意的是，每一个产卵池中暂养的鲫鱼亲鱼不宜过多。长期实践证明，经注射催产剂的亲本对氧气的需求明显增加，暂养亲本过多会因为缺氧而导致亲本效应期延长，甚至不能正常产卵。通常在效应时间到达前 1～2 小时，就应

图 3-2 人工繁殖用产卵池

注意亲鱼是否发情，可通过观察鲫鱼的游动情况，或通过观察挂在产卵池中的网片上有没有卵子，或者不惊动全池亲本只随机捕获几条鲫鱼来判断。如只发现小比例的亲本开始排卵，则还需要继续等待；如发现随机亲本都已经开始排卵，则将全部亲本捞出，开始进行人工授精。值得注意的是，不要轻易将产卵池水全部排干来检查排卵情况，因为未排卵的亲鱼会收到惊扰而极大地影响排卵，甚至不排卵，导致催产率降低。但是，卵子过熟将会影响受精率和孵化率，所以及时准确地检查亲鱼是否排卵是至关重要的。同时在效应期等待过程中，还需要监测水温变化，因为效应时间受水温的影响很大。

2. 人工授精

鲫鱼人工授精，是指在亲鱼发情高潮将要产卵时，通过采卵、采精和受精，使成熟的精、卵在合适的容器内完成受精作用以获得受精卵。为了能提高人工授精的效率，必须了解鲫鱼卵子和兴国红鲤精子生物学特征的不同之处。鲫鱼卵子成熟时，滤泡膜破裂，开始排卵，但经过 2～3 小时后卵子因无能量提供导致过熟，过熟卵子的受精能力明显下降甚至失去受精能力。兴国红鲤雄鱼精巢发育成熟后，其精子在精液中是不活动的，不具备前进的游动能力，但是精液遇水后马上就被激活。在显微镜下观察，精子开始剧烈运动，但是很快就会死亡。在短期内体内精子的活力基本没有变化，因此在生产过程中成熟兴国红鲤的精液不需要提前采集，可以在收集卵子后采集。因此，准确把握采卵时机和采取准确的人工授精方法是人工授精成功的关键，即保证采集的卵子和精子成熟度合适，在受精过程中尽量避免卵子和精子接触大量淡水。卵子接触水后超过 30 秒会吸水膨胀，受精孔就会逐渐关闭而失去受精能力；而精子在水中将被迅速激活，一般 30 秒后绝大部分精子就会失去受精能力。另外，鲫鱼卵子是黏性卵，卵子遇水后迅速黏结成团块而造成卵子不能受精。在实践生产中，人工授精方法一般分为全人工授精和半人工授精。

（1）全人工授精　全人工授精的方法是最常用的人工繁殖方

法，可以分为干法授精、半干法授精和湿法授精等。干法授精方法
是将成熟排卵的鲫鱼母本和成熟可采精的兴国红鲤雄鱼捕起，将雌
鱼卵子挤入擦干的器皿中，同时挤入雄鱼的精液，用干羽毛轻轻均
匀搅拌 1~2 分钟后，加入少量生理盐水后再轻轻搅拌，使精卵结
合完成受精，干法授精操作简单，受精率高，是最常用的方法（图
3-3）；半干法授精方法是将雄鱼精液挤入盛有适量 0.8% 生理盐水
的容器中稀释，然后倒入盛有鱼卵的器皿中搅拌均匀，最后加适量
清水再搅拌 2~3 分钟，完成受精；湿法授精是将生理盐水放入盆
中，再挤入少量精液混匀，随即挤卵于盆中，边挤卵边搅拌，并再
补充精液，完成受精，3 分钟后进行脱黏。

图 3-3　鲫鱼人工授精

鲫鱼卵是黏性卵子，入水后受精卵会立即成团，因此在孵化前
必须脱黏，否则成团的受精卵将无法正常孵化。在繁殖中常用的脱
黏剂有黄泥巴和滑石粉悬浮液等，操作方法是将受精卵倒入提前配
制好的脱黏剂悬浮液中，用手工或者使用设备充分搅动 3 分钟，保
证受精卵完全脱黏并且不成团。然后用筛绢滤出卵子，在水中漂洗
2~3 次，为使脱黏更彻底，可以重复脱黏 1 次，脱黏后放入孵化
设施中流水孵化。干法授精时，精子对卵子的"激活"一部分是在

脱黏这一环节中发生的，所以，在进行干法授精时，用于脱黏的泥浆或者滑石粉水不能太黏稠，否则会影响卵的受精率；而太稀则会使卵黏结在一起，要掌握好黏稠度。采用湿法授精，脱黏时卵子已被激活，因而泥浆或滑石粉水黏稠些对卵子的受精率影响不大，脱黏效果也很好（姜祖蓓和张俊宏，2002）。

不同的孵化设施可以孵化受精卵的数量有所不同，因此在完成人工授精后、孵化开始前，必须大概统计受精卵的数量，以保证在孵化设施中孵化时具有正常的孵化受精卵密度。孵化密度过大，可能会因为缺氧而导致受精率下降；而孵化密度过低，影响了孵化设施的使用效率，提高了苗种繁殖的成本。受精卵数量计算一般采用体积法或者重量法，即先统计单位体积或者单位重量的受精卵数量，然后乘以全部体积或者重量。

（2）半人工授精　规模化半人工授精也是鲫鱼人工繁殖中采用的方法，与全人工授精相比，前期的亲本培育和催产都是相同的，不同的是半人工授精方法不用挤卵和采精，而是将经注射催产激素的母本和父本养在同一个产卵池中，进行自然交配。受精卵黏附在事先放置的人工鱼巢上，随后将黏有受精卵的鱼巢移入孵化池中进行孵化（丁文岭等，2012）。

产卵池经消毒注水后，将经消毒处理过以柳树须根为主要材料的鱼巢扎成束，再将每束鱼巢扎到塑乙烯绳索上排成垄。每束鱼巢间隔 20 厘米，每行长 5～10 米，设置在产卵池中离岸线 50～100 厘米处水面下，每一垄鱼巢的两端用毛竹插入池底固定。鱼巢按每尾母本 5～6 束投放（黄仁国等，2012）。

3. 孵化

鲫鱼孵化是指受精卵在孵化设施中经发育 5～7 天，最后破膜游出水花苗种的过程。对于全人工授精方法，目前常用的孵化设施有孵化环道（容量：80 万～120 万粒/米³）、孵化桶（100 万～150 万粒/米³）和孵化槽（120 万～180 万粒/米³）等，根据受精卵的数量选择不同的孵化设备（图 3-4）。而对于半人工授精方法，需要将黏附受精卵的鱼巢直接放在鱼苗培育池中孵化。

图 3-4 不同的鲫鱼孵化设施
A. 孵化环道 B. 孵化桶 C. 孵化槽

在鲫鱼孵化过程中，水流速度是必须关注的重要因素。鲫鱼受精卵经脱黏后为沉性卵，因此必须使用一定速度的流水孵化，保证受精卵漂浮在水中而不沉底。在孵化期间，需要根据不同发育阶段适当调整水流速度。在孵化初期，为防止发生受精卵沉底结块，水流速度和充气量可适当加大；孵化到出膜期，应适当减慢流速和曝气量，可以减少对鱼苗的伤害；当鱼苗出膜后，由于鱼的鳔和胸鳍未形成，不能自主游泳，此时要适当增大水的流速，以免鱼苗沉入水底而窒息死亡；当鱼苗胸鳍出现，能活泼游动时，喜欢顶水游泳，此时应减慢水的流速，以防止鱼苗过度顶水而消耗体力，影响鱼苗的质量。在孵化过程中还需要注重管理，未受精的卵粒和破膜后的受精卵膜在孵化网罩上会形成一层不透水的膜，导致孵化缸水位不断升高，影响缸内水流，甚至导致受精卵漫出孵化设施。因此在孵化过程中，必须通过不断地刷网，及时清除这些孵化过程产生的废弃物。目前，研究人员对孵化设施做了相应的创新，增氧设施能够加速这些废弃物的分解，并可以从网中流走，避免了受精卵漫出情况的发生。还需要注意的是，孵化环道的转弯处，必须是弧形的，直角形会导致受精卵沉积。另外，在大宗淡水鱼类中鲫鱼的孵化时间是最早的，此时气温变化大，而且非常容易受低温影响，水霉病常有发生。在受精卵孵化过程用 5 克/米³ "霉灵" 或 25 毫克/升 "美婷" 控制水霉病，早、中、晚各 1 次，时间间隔为 5～6 小时。用药过程中停止流水，开启增氧设施，防止鱼卵沉底。

对于半人工授精的孵化方法则相对比较简单，除了苗种培育池需要进行严格的清塘消毒以外，移入的带卵鱼巢必须用 15 毫克/升高锰酸钾溶液浸泡 3～5 分钟方可放入孵化池。这样能显著降低受精孵的霉变率，提高早春时节池塘规模化孵化成活率。半人工授精的优势是，出塘的鱼苗已适应外部池塘条件，放入池塘培育夏花，成活率较高（丁文岭等，2012）。

三、夏花苗种培育

鲫鱼受精卵一般经过 5～7 天发育后出膜，刚孵出的鱼苗身体全长 5～6 毫米，鳍条分化不全，此时苗种活动能力差，还不能平行游动，器官的功能还在发育完善之中，不能自行摄食，完全依靠自身的卵黄来提供营养物质，供其完成发育的生长过程。随着鱼体的发育，卵黄囊逐渐缩小，3～4 天后鱼苗开始平行游动，吸收自身卵黄营养的同时开始主动摄食外界营养物质。此时，应及时将鱼苗移出孵化设施，转移到育苗池暂养，进入夏花苗种培育阶段。夏花鱼种培育是鲫鱼苗种繁育过程中十分重要的步骤，直接影响夏花苗种成活率的高低。

（一）苗种培育池条件

苗种培育池一般为长方形，且要求塘形整齐，交通便利，以便于后续拉网操作。培育池面积一般以 3～5 亩为宜，苗种培育池塘

鲫鱼 绿色高效养殖技术与实例 >>>

深度与亲本培育池相比要浅很多，在夏花培育过程中水深基本维持在1.2米以下。培育池底尽量平坦并略向排水方向倾斜，保证池水能自流排干。淤泥厚度适中，保证拉网捕获夏花苗种时有较高的起捕率。对于底泥沉积较多的池塘，在养鱼前一定要进行清淤，因为池底沉积的淤泥大多是鱼粪便和饲料等沉积下来未完全分解的有机物，并聚生着大量的致病菌。秋末、冬初待成鱼出池后，将池水抽干，铲除多余污泥、杂草，曝晒、冰冻。冰冻、曝晒不仅能起到消毒的作用，还可以让池底的有机物与空气充分接触，使其彻底氧化分解，同时，也能充分利用阳光中的紫外线杀菌（杨平凹，2015）。要保证苗种培育池没有水草，否则会增加拉网捕获夏花苗种的难度，而且也造成苗种的受伤。苗种培育池应有独立的进排水系统，进排水方便，水源水质条件好，符合渔业水质标准，且阳光照射充足，有利于生物饵料的培养。

（二）放苗前准备

1. 药物清塘消毒

清塘消毒是利用生石灰和漂白粉化学药物改变水质pH或者释放强氧化剂，除了可以杀灭池水中未清除干净的野杂鱼、敌害生物、鲫鱼的寄生虫和病原菌，同时还起到改良水质和土质的作用。清塘消毒对提高鲫鱼夏花培育成活率具有重要的作用，因此，在放养苗种前必须严格清塘消毒。生石灰和漂白粉消毒剂是鲫鱼苗种培育和养殖中常用且效果较好的药物。

（1）生石灰清塘　生石灰是鱼类苗种培育、鱼种培育以及成鱼养殖过程中最常用的清塘消毒药物，生石灰清塘分为干池清塘和带水清塘2种方法。干池清塘是先将池水放干或仅留5~10厘米水深，每亩用生石灰50~75千克；带水清塘池水平均深1米左右，每亩用生石灰120~150千克。通常将生石灰放入容器中溶化后立即全池遍洒，7~8天后药力消失即可放鱼。用生石灰清塘消毒，除了能迅速杀死野杂鱼、各种卵、水生昆虫、寄生虫和病原菌等，还可以改善养殖水体的酸度，使池塘呈微碱性，更加适合鱼类生

长。同时，为水生植物和动物提供营养，有利于浮游生物的繁殖，增加鱼类的生物饵料，为鱼类生长创造一个良好的环境。生石灰清塘不仅防病消毒效果好，而且有很好的肥塘作用，是理想的药物清塘方法。

（2）漂白粉清塘　漂白粉也是鱼塘清塘常用的药物，有较强的杀菌和杀灭敌害生物的作用。漂白粉清塘效果同生石灰，但肥水效果差。漂白粉一般溶解后立即全池均匀遍洒，4～5 天后药力消失即可放鱼。漂白粉有很强的杀菌作用，但易挥发和潮解，因此必须密封保存在陶器内，存放于干燥处。操作人员应戴口罩，并在上风处泼洒，以防中毒，且应注意避免衣服沾染而被腐蚀。漂白粉清塘具有药力消失快、用药量少、有利于池塘的周转等优点；缺点是没有使池塘增加肥效的作用。

2. 饵料生物培养（发塘）

培养合适的饵料生物是苗种下塘前重要的技术环节，直接影响夏花苗种的培育成活率。水花苗种主要以小型轮虫为开口饵料，因此下塘前，池塘中必须提前培育鱼苗适口的饵料生物，使鱼苗一下池就能吃到充足、适口的天然饵料。在鱼苗下塘前 5～7 天注水，注水深度以 50～80 厘米为宜，浅水易提高水温，节约肥料，有利于浮游生物的繁殖和鱼苗摄食生长。注水后，立即在池塘施有机肥，培育鱼苗适口的饵料生物。饵料生物培养方法为：每亩使用已经发酵的鸡粪、猪粪等有机肥 100～250 千克，或每亩施酵素菌生物渔肥 5～8 千克或渔肥精 3 千克，或者芽孢杆菌等，根据产品说明书用法及用量联合施肥。农家肥经发酵分解后不仅可以直接作为杂食性鱼类的饵料，而且分解过程中释放能量及营养物质，能促进浮游植物和浮游动物的快速生长和大量繁殖。但未经发酵的有机肥会导致水体缺氧，而且大量寄生虫和病原菌也会随之进入，导致病害的发生，因此有机肥必须充分发酵（高宏伟等，2015）。必须注意的是，一定要注意培养饵料生物的时间和量。培养时间不能过长，如果轮虫过大或者量过多，一方面池塘中的溶解氧会降低，另一方面水花苗种不能摄食轮虫，反而有可能被轮虫吃掉。

(三) 鱼苗下塘

当池塘水体中的轮虫培养到一定数量时，选择腰点已长出、能够平游、体质健壮、游动迅速的鱼苗下塘，严格将那些未达到标准的尾苗剔除掉，否则即使下塘，这部分水花苗种的存活率也很低。为了能在 3～4 周就能获得整齐的大规格夏花苗种，鲫鱼鱼苗的放养密度一般为每亩 20 万～30 万尾。超过 30 万尾/亩的放养密度，苗种存活率明显下降，苗种规格也偏小（高宏伟等，2015）。如果放养密度过大，一方面可能由于饵料摄取不充足导致成活率越低，另一方面苗种之间在饵料摄取和空间占有上的竞争就相对越激烈，从而导致苗种在生长发育上表现出较大的差异，培育的夏花苗种规格差异较大；如果放养密度过小，虽然成活率较高，但是生产成本却相对增大。投放时间最好选择晴好天气上午，尽量避开每天的高温时间，放苗时将盛鱼苗的容器放入水中慢慢倾斜，让鱼苗自行游入池塘。如果是经过长途运输的苗种，投放前一定要注意温度的平衡，一般充氧袋中水温与池水水温不能相差超过 3℃，必须通过温度的平衡使袋中的水温与放养水体的水温一致，即将尼龙袋放在池水中 0.5 小时左右，然后再将袋口解开，使鱼苗慢慢地随着水流流入池中。

(四) 培育方法

鲫鱼夏花苗种培育饲养方法与其他大宗淡水鱼类类似，一般采用全池泼洒豆浆饲养。近年来，研究人员开发了水花粉状料和破碎料，结合投喂豆浆方法，大大提高了夏花苗种的培育成活率。具体方法如下：

（1）从鱼苗下塘开始，每亩水面用干黄豆 1.5～2 千克磨成浆，每天泼豆浆 2～3 次。下塘 5 天后，黄豆增至 3～4 千克，以后则根据水质情况再酌量增加。通常，养成 1 万尾夏花鱼种需用黄豆 6～8 千克。一般经过 15～20 天，则可改为泼黄豆浆加豆渣混合投喂，直至夏花育成。此法在长江中下游地区被广泛应用（姚春军等，

2014)。

采用"豆浆＋配合饲料"的方式进行夏花苗种培育。鱼苗下塘翌日开始泼豆浆肥水,初始每亩水面日用干黄豆8～9千克,浸泡后磨浆全塘泼洒,每天2次;第10天起日用干黄豆8千克,浸泡后磨浆＋粗蛋白质40％的黄颡鱼养殖用配合饲料粉料4千克混合,全塘泼洒,每天2次;20天后检查苗体生长情况,鱼苗规格达1.5厘米/尾左右时,停用豆浆,改用粗蛋白质40％的黄颡鱼养殖用配合饲料粉料5～6千克,加水适量调制成"干湿适中",沿塘边全塘撒投,每天2次,直至拉网起捕,夏花培育成活率达86.67％(郭水荣等,2018)。

(2)采用分阶段投喂管理方法进行夏花苗种培育。主要分为轮虫阶段、水蚤阶段、精料阶段和锻炼阶段四个阶段。苗种下塘后的1～7天为轮虫阶段,沿池边1.0米范围均匀泼洒鸭蛋黄水,1枚鸭蛋黄漂洗10千克蛋黄水,10万尾苗种喂3枚,日泼洒3次,8天后苗种全长达2.0厘米左右;苗种下塘后的8～14天为水蚤阶段,日泼洒2次鸭蛋黄水,10万尾苗种用量为5～6枚。15天后,苗种全长达2.7厘米左右;苗种下塘后的15～21天为精料阶段,以优质鳗鱼粉料和0号鱼类浮料作为精饲料投喂,比例为1∶2,每亩水面每次投喂3.0千克,沿池边2.0米范围,在上风处均匀泼洒于水面,15天后,苗种全长达3.5厘米左右;苗种下塘后的22～25天为锻炼阶段,投喂0号鱼类浮料,每亩水面3.0千克,25天后,苗种全长达4.5厘米左右,准备出塘分养(张小东,2012)。

(3)水花下塘第5天开始用9120水花粉状料泼洒投喂,9120饲料磷脂的含量达5％～7％。这种配方有利于细胞增殖,可促进鱼苗快速生长。投喂9120水花粉状料3～5天后,再将粉状料加水和好后拍成饼沿池塘边投喂。再过5～7天后,开始投喂9132破碎料。日投饲量应依据鱼类的生长状况、规格以及底质、水质和天气而定。养殖前期,日投饲量为鱼体重的5％～10％,每天分4次投喂。具体投喂次数、时间和投喂量,依据具体情况可有所变动(孙宝柱等,2013)。

（4）除了池塘培育夏花外，池塘网箱气体循环水系统也可以进行鲫鱼夏花培育。网箱上沿高出水面 20 厘米，每个网箱大小为 6 米×1 米，每个网箱底部两端固定微孔充气管，并设置独立的气体循环水装置。气体循环水装置包括进气管、进水管气体装置以及过滤筒和喷水管，在气泵的带动下，气体循环水装置将网箱外面的水体抽入网箱中，连同水体中的浮游生物一起带入网箱，加快了网箱内外的水体交换量，同时，也起到实时收集生物饵料的作用。放养规格 5～6 毫米的鲫鱼水花苗，放养密度为 10 000 尾/米^2，投喂粗蛋白质含量 40% 左右的粉状配合饲料，日投喂量为鱼苗体重的 8%～10%，每天投喂 4～6 次，每次投喂量以 2 小时摄食完为宜，根据培育池水质、天气变化及鱼苗摄食情况适当增减。与常规池塘培育对比，池塘网箱的气体循环水单位面积的苗种产量提升了 16 倍，苗种成活率提升了 40%，平均生长速度提高 16% 左右（薛凌展等，2017）。

（五）苗种培育池日常管理

1. 巡塘监测

巡塘监测是鲫鱼苗种培育过程中十分重要的工作内容，一般每天巡塘 4 次。早上 1 次，中午 1 次，晚上 2 次。巡塘内容之一是观察鱼苗的游动情况和鱼苗生长情况，若发现鱼苗不正常游动情况，可能有疾病发生，必须及时采取相应的解决措施。巡塘另外一个内容就是需要观察池水水色、水质变化情况，如鱼群呈浮头现象，应该及时注入新水。巡塘时，如发现蛙卵、蝌蚪等，应及时捞出。

2. 水质调节和管理

水质调节和管理是苗种培育过程中十分重要的步骤，因苗种个体小，对水质的敏感性强，因此必须根据实际情况进行水质调节。在鱼苗饲养过程中，分期向鱼池中加注新水是调节水质最主要的方法，也是促进鱼苗生长、避免疾病发生以及提高成活率的有效措施，加水方法在不同阶段有所不同。一般情况下，鱼苗下池 5～7 天后即可加注新水，以后每隔 4～5 天加水 1 次，每次加水 10～15 厘米。到鱼苗出塘时，应已加水 3～4 次，池水深度达 1～1.2 米。苗种培育期间，需要每天早晚测定养殖池塘水温、溶解氧、pH 和氨氮及亚硝酸盐的含量，确定水质条件是否适合苗种培育。

养殖鲫鱼理想的水色是由绿藻或硅藻所形成的黄绿色或黄褐色，在养殖过程中可以适当施用微生态制剂来调节水质，到养殖中后期适量换水及施用一定量的生石灰，以控制水色和 pH。透明度是池塘水中理化因子的综合反映，与水中浮游生物种类的密度有关。池塘透明度指标要求前期 30～40 厘米、中期 30 厘米左右、后期 20 厘米左右。若透明度小于 20 厘米时，应及时换水、泼洒生石灰；若透明度过大，追施微生态制剂和有机肥。水花下塘时如果水太肥，水中的氧气含量太高，鱼苗会因为吞食大量的氧气而导致气泡病。得病的鱼苗肠道内布满气泡，鱼苗因不能下潜而容易被太阳晒死或饿死。可以通过冲入新水或泼洒泥浆来缓解，或者用食盐化水全池泼洒，食盐用量为 4～6 千克/亩（孙宝柱等，2013）。

3. 病害防控

病害防控是夏花培育过程中必须关注的问题，处理不当将会导致苗种培育全军覆没。在鱼苗前期，苗种容易患气泡病，所以要注意调节水质，使水质维持在"肥、活、嫩、爽"的状态，避免水体过肥，藻类暴增，产生大量的气泡被鱼苗误食（薛凌展等，2017）。在夏花培育的晚期，当异育银鲫鱼苗长至 2 厘米左右时，易受孢子虫病的侵害，发病原因可能是苗种长大后食物不够，苗种搅动底下淤泥，底泥中释放出病原。因此，应及时进行孢子虫病的防治，一般采用敌百虫加硫酸亚铁，充分水溶稀释后全池泼洒。此法能有效控制孢子虫病的发生，从而提高异育银鲫夏花鱼种的育成率和出塘夏花的成活率（姚春军等，2014）。

4. 增氧设施的合理利用

当鱼苗逐渐长大至 1.5 厘米左右时，5 月白天温度高，昼夜温

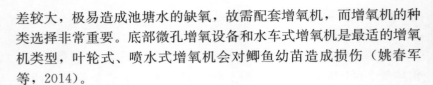

差较大，极易造成池塘水的缺氧，故需配套增氧机，而增氧机的种类选择非常重要。底部微孔增氧设备和水车式增氧机是最适的增氧机类型，叶轮式、喷水式增氧机会对鲫鱼幼苗造成损伤（姚春军等，2014）。

（六）炼网和捕捞

鲫鱼水花鱼苗放养后，经15天左右的饲养，一般可生长至2厘米左右的乌仔；经25天左右的饲养，生长至3厘米左右夏花鱼种。此时苗种如果继续在培育池养殖，就会出现活动空间和饵料不足的情况，导致水质恶化，可能抑制鱼体生长，严重的话会导致疾病的发生，尤其是孢子虫病。因此，在乌仔和夏花鱼种阶段及时分塘至关重要。如放养密度较大或是鱼苗要进行长途运输，一般在乌仔阶段分塘或销售；如放养密度正常，且不需长途运输，在夏花阶段分塘养殖则更为适宜。

无论乌仔或夏花鱼种出塘，均需进行拉网锻炼（简称炼网），一般需进行2次炼网。拉网锻炼是增强幼鱼体质和提高鱼苗出池及运输成活率的重要举措。拉网可使鱼受惊吓后增加其运动量，以提高肌肉的结实度，并增强各个器官的功能。同时，幼鱼在密集过程中能分泌黏液和排出粪便，增加了耐缺氧能力，提高了运输成活率。因此，在培育后期适时进行拉网锻炼是非常必要的（杨平凹，2015）。炼网选择晴天9:00—10:00进行，并停止喂食。第一次炼网将鱼拉至一头，将鱼群集中，轻提网衣，使鱼群在半离水状态下密集一下，时间约10秒钟，再放回原池。间隔一天后进行第二次炼网，第二次炼网将鱼群围拢后灌入夏花捆箱内，密集2小时左右，然后放回原池。鲫鱼苗种经过2次拉网锻炼后，就可以出塘销售。如果出塘的鱼种要经过长途运输，则在2次密集锻炼之外，还要进行"吊水"。具体方法是，将鱼放入长方形水泥池内的网箱中，暂养过夜即可起运。

（七）鱼苗、鱼种运输

鲫鱼具有很强的耐低氧能力，用尼龙袋充氧密封，在合适的温度条件下可以进行近 20 小时的长途运输，苗种成活率高。为了保证密封效果，一般用双层尼龙袋。尼龙袋盛水量为袋子总体积的 1/4～1/3，5～8 升水，装运鱼苗以每袋 10 万尾为宜。如装运乌仔，一般每袋装 5 000 左右尾为宜；如运输夏花鱼种，一般装 1 000～2 000 尾为宜。如运输时间较长，应酌情减少鱼苗装运数量。鱼苗入袋充氧前尽量排完空气，然后插入氧气管慢慢充氧，袋口扎紧后观察 20～30 分钟，确认无漏气、漏水，方能密封包装盒。

四、鱼种培育

鲫鱼鱼种培育是指乌仔或夏花鱼种经分塘后继续饲养至大规格鱼种的过程，一般当年的夏花苗种可以培育成每尾 50～100 克的鱼种，年底经初步分选后进入翌年的成鱼养殖阶段。因鲫鱼生长速度快，成活率高，在养殖过程中，也可以将少量的乌仔或夏花直接套入"四大家鱼"、黄颡鱼、武昌鱼、罗非鱼等鱼类苗种培育池或成鱼池中，当年就可以养成 400～500 克的大规格商品鱼。与水花苗种相比，夏花苗种在游动能力、摄食能力以及抵抗力上都显著增强，因此，鱼种培育与苗种培育关键技术略有不同。

（一）鱼种培育池条件

与苗种培育池比较，鲫鱼鱼种培育池的池塘条件要求池塘面积更大，鱼池深度更深。池塘一般以 5 亩左右为宜，以长方形为好，便于拉网操作，池塘水深 2～2.5 米；池底需平坦，为了方便捕获池塘中鲫鱼，池底可以适当倾斜，便于将整个池塘水排干，并将鲫鱼集中在集鱼坑；塘埂无渗漏，池底淤泥不超过 20 厘米；鱼种培育池有独立的进排水系统，水源丰富，水质良好，无污染，进水系统的水要经过沉淀处理，排水系统的水需要经微滤机过滤大颗粒物质后，再经人工湿地系统净化处理达到排放标准后排放，或者循环利用；池塘四周无阻挡光线和遮风的高大树木和建筑物，保证有良好的光照条件和风浪作用条件。池塘应配备增氧设施，一般每亩配置 0.75 千瓦的叶轮式增氧机或罗茨风机提供动力的微孔增氧盘 4～6 个。有条件的可以配置智能化环境多维监测系统，这样可以在线监测池塘中温度、pH、溶解氧和氨氮等水质指标，根据实时指标实现水质自动调控。另外，还需配置自动投饵机，条件允许的话，可以配置智能控制投饵机，实现鲫鱼养殖的精准投喂。

(二) 夏花放养前准备

冬季干池后对池塘进行干塘清淤并曝晒 1 个月，鱼种放养前 15 天彻底消毒，每亩用生石灰 100～120 千克化浆后全池泼洒。清塘 5～7 天后，池塘加水至 50 厘米，加水时用 80 目纱网过滤，以防野杂鱼、鱼害等混入。每亩施发酵的有机粪肥 150～400 千克，新开挖的池塘应适当增加施肥量，以培养浮游生物育肥水质（刘新轶等，2014；陆建平等，2017；沈丽红等，2019）。与苗种培育不同的是，鱼种培育池肥塘主要培育大量的大型浮游生物而不是小型浮游生物。透明度控制在 30 厘米左右，如水质偏瘦、透明度大于 40 厘米时，再适当追 1 次有机肥，做到鱼苗肥水下塘。池塘周围杂草也要清理干净（周慧，2018）。

(三) 鲫鱼鱼种选择标准

夏花鱼种质量优劣直接关系到 1 龄鱼种的培育结果，因此，放养的夏花鱼种应选择体质健壮、规格整齐、无病无伤、游动活泼的鲫鱼个体。为达到夏花鱼种规格均匀，放养前可采用不同筛孔大小的鱼筛筛选，把不同大小的夏花鱼种放在不同的养殖池塘养殖。个体较大的夏花鱼种的抢食能力强，个体小的抢食能力差，长时间一起养殖就会导致个体差异更加明显，小规格夏花鱼种生长缓慢甚至停止生长，从而影响鲫鱼质量和产量。一定要注意的是，畸形和抵

抗能力差的夏花鱼种也应严格剔除，因为下塘后这些夏花苗种对水体环境变化和病害抵抗能力较差，将直接影响到其生长和成活率。

（四）夏花苗种放养

夏花苗种放养时，要注意合适的放养密度、严格的苗种消毒和温度平衡等。夏花苗种放养密度对于鱼种培育成活率和冬片鱼种规格都有重要的影响，因此需要综合考虑鱼种养殖池塘条件、培育技术、饲料和肥料情况、出塘规格要求等因素。一般每亩鱼种塘以放养鲫鱼夏花鱼种 5 000～12 000 尾为宜，经过 6 个月左右的养殖，可以长成 50～100 克的大规格鱼种。

尽管夏花苗种的游动能力和抵抗能力比水花苗种有了明显的提高，但是经过炼网和运输，夏花鱼种有可能在拉网过程中受伤，或者鱼种本身可能带有病原菌，因此，夏花鱼种放养前必须进行严格的密集药物消毒浸洗。夏花鱼种消毒常用 20 毫克/升的高锰酸钾浸洗 10 分钟左右，或用 2‰～3‰ 的食盐水浸洗 3～5 分钟。应根据鱼体强弱、规格大小、水温高低而灵活掌握夏花在高浓度药液里的浸洗时间。在操作过程中仔细观察鱼的动态，一旦发现鱼体挣扎不安或浮头时，应迅速连鱼带药液一并倒入鱼种培育池中。

水温的急剧变化会导致夏花苗种对池塘的适应性降低，甚至导致死亡。因此，鲫鱼夏花鱼种放苗前一定要注意鱼苗运输袋中水温与养殖水体水温的差异，尽量使袋中的水温与放养水体的水温一致。如有差异，要把运输袋放在池水中时间稍长些，然后再将袋口解开，使鱼苗慢慢地随着水流流入池中，一般袋中水温与池水水温相差不能超过 3℃。

（五）饲料与投喂

饲料投喂是鱼种培育期间最重要的养殖环节，贯穿于整个养殖过程，每天都要根据鲫鱼的生长情况、水温情况和溶解氧等水质指标确定投喂量。鲫鱼投喂技术主要包括投饲率、投饲量、投饲次数和投饲方法四个方面（解绶启等，2010）。

投饲率是鲫鱼养殖投喂时首先考虑的指标，需要根据鲫鱼的存塘总重量确定，一般情况下投饲率为 1%～5%。鲫鱼投饲率受鱼体规格及水温的影响，规格较小的鱼其投饲率大于规格较大的鱼，高温和低温季节的投饲率低于常温时期。刚下塘的夏花苗种投饲率为 5% 左右，随着鲫鱼逐渐长大，投饲率逐渐降低；水温过高或过低，都会使其摄食量下降甚至停止摄食，一般在 7—9 月的养殖高温时间，尤其是接近 40℃ 高温时，应显著降低投饲率，以免水质变坏。近年来，浮性颗粒饲料逐渐应用在鲫鱼养殖中，并且体现出明显的优势，即非常容易观察到投饲饱食点，提高了饲料的利用效率。而使用沉性饲料时，就很难确定其饱食点，因此必须定期随机取样测定鲫鱼的生长情况，根据鲫鱼体重确定投饲率。确定投饲率后要计算投饲量，投饲量既要满足鲫鱼生长的营养需求，又不能过量。过量投喂不仅造成饲料浪费，增加成本，且污染水质，影响鲫鱼的正常生长。鲫鱼投饲量应根据水温、溶解氧和其他水质因子的变化作适当调整。投喂次数也是投喂过程中必须考虑的问题，投喂过频，饲料利用率低；投喂次数少，每次投饲量必然很大，饲料损失率也大。一般每天投喂 2 次，8:00 和 15:00 各投喂 1 次，上午投饲量为总投饲量的 30%～40%，下午投喂 60%～70%。投饲方式一般分为人工投喂和机械投喂两种。一般采用机械投喂，即利用自动投饲机投喂，可以定时、定量、定位，并具有省时、省工等优点，但是，利用自动投饲机不易掌握摄食状态，不能灵活控制投饲量。人工投喂一般在固定食台上投喂。典型的科学投喂方法为：

（1）养殖所用的饲料为粗蛋白质含量 27% 的鲫鱼专用料，放养初期选破碎料和豆浆混合投喂，逐渐增大饲料颗粒直径。每个池塘离池岸 2 米左右设 1 个固定食台，面积 3～5 米²。下塘后 5 天开始投饲，观察夏花摄食与游动情况，初步确定投饲量，一般日投饲率为 3%～5%。日投喂 2 次，时间分别为 9:00 和 15:00 左右。具体每天的投饲率、投喂次数随天气、水质、吃食情况调整，以 0.5 小时内吃完为宜。投喂一般坚持"三看""四定"原则，即看天气、看水温、看摄食情况；定时、定质、定量、定位合理投喂（周慧，2018）。

（2）鲫鱼夏花鱼种分塘后，即开始人工驯化饲料投喂。开始时用 0.5～1.0 毫米的颗粒破碎料饲喂，每天上下午各 1 次，驯化上浮抢食。15 天后，使用 1.5 毫米的小颗粒饲料投喂。饲料投喂按照"三看""四定"的原则，投喂至七八成饱即可。投喂量应掌握在鱼苗总数的 3/4 不上浮摄食，避免过度投料。投饵的颗粒粒径应以适口为原则（陆建平等，2017）。

（3）养殖所用的饲料为淡水鱼沉性饲料，粗蛋白质含量为 28%～32%。放养初期选用破碎料，此后随着鱼体增大，逐步增加饲料颗粒直径。在每个池塘离池岸 2 米左右处设 2 个食台，面积 4～5 米²。夏花鱼种"肥水下塘"，下塘前 5 天不投饵。养殖过程中投饵量主要根据水温和鱼塘总载鱼量调整，日投饲率为 3%～5%。日投喂 2 次，上下午各 1 次。具体每天的投饵量随天气、水质、鱼的吃食情况调整，以 1 小时内吃完为宜（刘新轶等，2014）。

（4）苗种下塘后第 2 天进行驯化，采用人工定点、定时的方式进行，待鱼苗集群上来抢食时，转入正常饲养。放苗 10 天后使用豆粕饲料，以后采用颗粒沉性饲料，其营养成分为粗蛋白质≥30%、粗纤维≤14%、粗灰分≤16%、钙 0.8%～2.0%、总磷≥0.8%、食盐 0.3%～0.9%、赖氨酸≥1%、水分≤13%。投喂采用人工定点、定时、定量、定质的投喂方法，每天投喂 2 次，时间分别为 9:00、15:00。每次投喂量根据水温、天气、鱼生长情况调整，投喂时认真观察鱼类活动情况和水质变化情况（沈丽红等，2019）。

（六）水质调节与养殖管理

鲫鱼鱼种培育的养殖管理，对于鱼种培育的成活率、生长以及抗病能力都有十分重要的影响。与夏花苗种培育一样，需要做好巡塘、水质调控和疾病防控等措施。

1. 巡塘

每天坚持巡塘，特别是清晨巡塘。此时溶解氧较低，鲫鱼易因缺氧发生浮头，如发现浮头立即开启增氧机。阴雨天气时，即使没有出现浮头现象也应打开增氧机进行人工增氧；晴天中午、雨天半夜开启增氧机，要注意水质变化和鱼的活动情况。

2. 水质调节管理

水质调控主要是保证鱼种培育池塘水体中溶解氧充足、氨氮指标正常以及 pH 的稳定等，为鲫鱼苗种的快速生长提供良好的条件。尤其是高温季节，池水溶解氧较低、水质易恶化，一方面要通过控制饲料投喂量，另一方面就需要通过水质调控措施来优化养殖环境。水质调控的主要措施为：

（1）种植水生蔬菜 可在沿池岸边 2～3 米，用聚乙烯浮板（40 厘米×60 厘米）或用 PVC 管和网片制作而成的漂浮式网箱种植适量空心菜，一般呈长条形并固定在池边，种植面积一般占养殖池塘总水面的 5％左右。空心菜要定期采割，这样会加快吸收池水中的营养物质，维持正常的氨氮水平。

（2）微生态制剂 微生态制剂是目前水产养殖中常用的动保产品，是利用鱼类体内或养殖水体中的有益微生物或促进物质，经特殊加工工艺而形成的活菌制剂。可用于水中微生态调控、净化水质，能产生生物效应或生态效应，也可用于调整或维持动物肠道内微生态平衡，达到防治疾病、改善水质和促进生长的目的。尤其是在高温季节，需要定期使用高效复合微生物制剂，主要有光合细菌和芽孢杆菌，一般是每隔 20 天使用 1 次。为保持池塘水质肥、活、嫩、爽，透明度应控制在 20～30 厘米。

（3）合理使用增氧设施 增氧设施是鲫鱼养殖中所必需的，几乎每天都要使用。尤其是高温季节，在晴好天气的中午开增氧机 2～3 小时，总体做到水中溶解氧在 4 毫克/升以上、透明度在 30 厘米左右。实际上增氧机除了可以增氧以外，还可综合利用物理、化学和生物等功能，除了解决池塘养殖中因为缺氧而产生鱼浮头的问题，还可以消除有害气体，促进水体对流交换，改善水质条件，降低饲料系数，提高鱼池活性和初级生产率，从而可提高放养密度，增加鲫鱼的摄食强度，增强鱼体抵抗力，促进生长，使亩产大幅度提高，充分达到养殖增收的目的。在一般养殖中使用常规的增氧机，包括叶轮式（搅水）增氧机、水车式增氧机和喷水式增氧机等。目前，新型增氧曝气盘逐渐在养殖中得到应用，并表现出明显的优点，即形成的气泡能够将底层水和表层水进行快速交换，这样可以迅速地使溶解氧均匀分布，解决分层的问题，同时调和了水温，还可以将水底的氨氮、亚硝酸盐等有机物分解为无机物，达到净化水体的目的。而且曝气盘安装方便、维护简单，起塘时便于收起，不影响起塘捕捞。每亩试验池塘配备1台2.2千瓦罗茨鼓风机，每口池塘放置30个曝气盘（图3-5）。曝气盘式微孔增氧设备一般6月下旬开始使用，鱼产量在4 500千克/公顷左右时，每天开启4小时，中午开启2小时，凌晨2:00—4:00开启2小时；鱼产量在6 000千克/公顷左右时，每天开启8小时，中午开启3小时，23:00至翌日4:00开启5小时；产量在7 500千克/公顷以上时，每天24小时连续开启（常淑芳等，2014）。

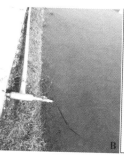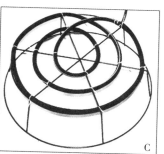

图3-5　池塘增氧系统
A. 罗茨风机　B. 送气管道　C. 曝气盘

（4）定期加水　由于水的蒸发和渗漏，以及未被摄食的饲料和鲫鱼粪便等导致水质恶化，养殖池塘必须定期添加新水，采取先排后进的方式，先排出部分原池水，换水量控制在1/3左右。前期可每10～15天加注新水1次，每次加水10～15厘米。前期共加水3

61

次，直至水位到 1.2～1.5 米，后期采用加水与换水相结合的方法。一般 7—9 月每周加换水 1 次，10 月后每 15 天左右加换水 1 次，每次换水 15～20 厘米。

3. 鱼病防控

鲫鱼病害防控主要还是以预防为主、治疗为辅，在夏花苗种投放前做好池塘消毒和苗种消毒工作，杜绝病原菌的带入。在养殖过程中，通过多种措施预防病害的发生。

（1）随时清除池边杂草和残渣余饵，保持池塘卫生干净、整洁。

（2）在鱼病易发的高温季节，每月用内服、外用药物预防 1 次，可有效预防疾病的发生。如预防孢子虫病，采用 0.3～0.5 克/米³的晶体敌百虫和 0.2～0.3 克/米³的硫酸铜全池泼洒，48 小时后换水 50%，重复使用敌百虫和硫酸铜 1 次，再结合投喂拌有盐酸氯苯胍等内服药的饲料，连续投喂 5～7 天，可很好地预防孢子虫病的发生。也可以在饲料中添加大蒜素、败毒散、三黄散，以预防疾病的发生。

（3）另外，每 20 天左右进行 1 次严格的消毒工作。如向全池泼洒 1 次生石灰水，使池水终浓度为 30 克/米³，调节 pH 在 7 以上。每半个月用漂白粉对食台、食场消毒 1 次，同时，用聚维酮碘或 90%的晶体敌百虫泼洒。

（4）鱼病发生时，在发病早期应及时进行病情诊断，针对性开展治疗。如病害情况严重，则必须立刻清除病鱼，避免疾病的传播扩大，不要盲目用药。

（七）并塘和越冬

夏花鱼种一般在每年的 5 月投放，到年底经过 6 个多月的养殖，基本已经长成 50～100 克的冬片鱼种。此时气温明显下降，等到水温降至 10℃左右时就可以进行并塘，检测鱼种的生长情况和统计成活率。在该温度条件下，鲫鱼的摄食活动很少，此时进行并塘可以减少对鲫鱼鱼种的伤害。但不建议在非常低温的环境下操作，容易冻伤鲫鱼。并塘时，起获全部鱼种，并按照大小规格分开。如有准备好的成鱼养殖池塘，按照成鱼养殖放养比例直接投放到养殖池塘。另外，多余的鱼种则留作翌年春天使用，需要囤养在池水较深的池塘内越冬，放养密度一般为每亩3万~5万尾。鱼种池腾空清塘，可以继续用于翌年夏花苗种培育或成鱼养殖。在并塘操作过程中，尽量降低池塘水位甚至基本排干池水捕鱼，操作要细致小心，以免碰伤鱼体，防止水霉病的发生。再次下塘前，最好用聚维酮碘或者食盐水消毒。

鲫鱼是耐低温和耐低氧的养殖品种，在长江以南的各种水体中，由于冬天基本不结冰或者没有长时间结冰的天气，因此越冬基本不需要采取额外的措施，只需要集中放养在池水较深的池塘内越冬。在越冬过程中，如有温度上升，也可以投喂少量的饲料，对鱼种的越冬有很大帮助。而在我国北方寒冷地区，冬季有很长的结冰时间，因此，需要准备越冬的措施。

1. 增氧操作管理技术

池塘结冰后，鱼池内溶解氧唯一来源是浮游植物光合作用，水体含氧量与浮游植物的种类、数量等密切相关。为了满足浮游植物对营养元素的需要，增加浮游植物生物量，从而达到增强光合作用、增加溶解氧的目的，通常采取化肥挂袋法施肥，12月底或翌年1月初，每亩水面挂袋2~3个，每袋装尿素3~3.5千克。化肥袋用40~60目筛绢或白色塑料编织袋制成，化肥袋悬于水面下，分布要均匀，布局要合理。经过7~10天后，池水溶解氧可以达到5~11毫克/升。封冰期长、冰层厚的鱼池，可隔一段时间在冰上打孔增氧，每亩鱼池需砸冰洞面积为5~6米^2。遇到"雪封泡"的年份，应分区破除乌冰，重结明冰，以防发生缺氧。另外可往池塘里注水，当没有补水条件时，就要进行原池水循环增氧，采用这种机械增氧方法，可以优先提高溶解氧（段秀风，2015；王君凤，2018）。

2. 越冬日常管理

冬季水体的水温"上低下高"，鲫鱼又是底层鱼类，透过冰层观察不到鲫鱼的活动情况。在一般情况下，冬季溶解氧下降速度显著慢于夏季，不会出现夏季的突发性缺氧情况。因此，需要坚持巡塘，仔细观察冰层下鱼类的活动情况，发现问题及时采取措施，定期测定溶解氧含量，保证溶解氧在 3 毫克/升以上。另外，池塘冰面积雪，水中缺少光照，浮游植物光合作用减弱，减少了溶解氧来源。当水中贮备氧降低到不能满足鱼类生理上最低需要量时，鱼类便窒息死亡。因此，应尽快清除冰上积雪，让光线透过冰层。清除积雪时，每隔 1 米扫一条宽 2 米的通道，尤其是在挂化肥袋的区域，一定要清除干净。保持越冬场所安静，越冬水体应禁止人车通行、滑冰和冰下捞鱼虾，避免鱼类受惊四处乱窜，消耗体力，增加耗氧量。要控制冰下拉网次数，现在冬季冰下拉网捕鱼已是常事，但忌冰下反复拉网，否则鱼体极易受伤，造成春季大批死亡（韩娜，2011；段秀风，2015）。

第二节 鲫鱼成鱼生态高效养殖技术

一、池塘养殖技术

池塘养殖是鲫鱼养殖最主要的方式，将大规格鱼种在不同大小的池塘中养殖成 500 克左右商品鱼。根据食性和生活水层，鲫鱼成鱼池塘养殖模式一般分为主养和套养。与培育大规格冬片鱼种相比，成鱼养殖略有不同。

（一）池塘清塘消毒

主养鲫鱼的成鱼养殖池塘面积一般要比苗种培育池和鱼种培育池大，一般 10 亩左右为宜。在江苏养殖条件较好的地区，池塘面积超过 100 亩，并且池塘深度更深，2.5 米以上更好。在一些山区池塘，深度达到 6 米。池塘要求淤泥不宜过多，厚度不超过 10 厘米，超过 10 厘米时必须清淤，有利于鲫鱼的捕捞。鱼种放养前一周采用生石灰清塘消毒，用量为 100～150 千克/亩。如果是春天投

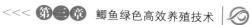

放鱼种的池塘，冬天最好进行晒塘。消毒后 2~3 天、鱼种放养前 7~10 天开始注水，注水时注意预防野杂鱼进入池内。养殖池塘配备独立的进排水系统、投饵机和增氧设备等养殖设施（设备）。

（二）鱼种消毒

鱼种消毒可以杀死鱼体表的寄生虫和有害微生物，也可以治疗因为捕捞、运输造成的鱼体伤害，很好地起到预防疾病的作用。因此，在鱼种下塘前必须采用合适的方法进行严格彻底的消毒。一般用食盐、高锰酸钾或者聚维酮碘进行鱼体消毒，药浴浸泡消毒时间还要视天气和鱼种活动情况灵活掌握。具体方法：①按2%~4%的浓度放入食盐，即每 100 千克水放 2~4 千克食盐，浸泡 10 分钟放入池塘；②用 20 克/米^{3}的高锰酸钾浸浴 5~10 分钟后放入池塘；③用 0.2 克/米^{3}的聚维酮碘浸浴 15 分钟后放入池塘。

（三）鱼种选择和放养

投放的鲫鱼鱼种应体质健壮，体形正常，体色光亮且规格整齐，鳞片无脱落和受伤。鱼种一般选择冬天放养，鱼种捕获后最好立刻投放到成鱼养殖池，可以延长鱼类生长期，在冬天温度较高的情况下可以适当投喂。冬天温度较低，拉网操作时不易损伤鱼种，也减少发病率，翌年也不用再次拉网，避免鱼种的再次受伤。但温度过低甚至结冰时，不要进行鱼种捕获和放养，以免冻伤鱼体。

（四）鱼种放养密度

鱼种放养密度直接决定了养殖池塘的养殖产量，养殖密度要根据池塘条件、养殖增氧设施、饲料质量、商品鱼规格以及养殖技术等多方面因素确定。一般情况下，根据主养和套养两种养殖模式确定养殖密度。在鲫鱼主养模式中，80：20 池塘养殖技术是鲫鱼成鱼养殖中最常用的养殖方式。80%的产量来自摄食人工配合饲料的吃食性鱼类鲫鱼，而另外 20%的产量来自某一种或几种可清除养殖水体中的浮游生物、净化水质的服务性鱼类，如鲢鱼、鳙鱼等服务性鱼类。两种鱼类的放养搭配比例、放养时间、放养规格等，都有其特定的技术要求。在养殖实践中，一般水深2～2.5米的池塘，每亩放养鲫鱼冬片鱼种2 000～3 000尾，按3∶1的比例搭配鲢鱼、鳙鱼，即规格为100克/尾左右的鲢鱼300尾和鳙鱼100尾。但是目前由于鳙鱼的商品价值远远高于鲢鱼，因此在养殖生产过程中都提高了鳙鱼的养殖比例，鲢鱼、鳙鱼的比例改变为1∶3。在这种放养密度条件下，鲫鱼亩产量超过1 000千克甚至更高。套养模式也是鲫鱼养殖重要的模式之一，该模式充分利用鲫鱼与其他套养品种的食性的差异，鲫鱼能与草鱼、团头鲂、鲤鱼、黄颡鱼、黑尾鲌等多种鱼类套养，在主养这些鱼类中套养鲫鱼鱼种200～300尾，可以长成500克左右的大规格商品鱼。

二、稻鲫综合种养技术

稻渔综合种养是指在水稻种植的同时或休耕期，通过田间工程技术的应用，在稻田里养殖鱼类和其他水产动物，将水稻种植与水产养殖耦合起来，基于生态系统内营养物质及补充投喂的肥料和饲料，生产稻谷和水产品的一种生态农业方式。这种生产方式能使稻田生态系统的物质和能量尽可能流向稻谷和水产品，实现系统可持续发展和经济效益最大化的目标。稻渔综合种养系统具有多方面的重要功能，包括食物生产、生态保护、景观保留、生计维持和食物安全等，使种植业与水产养殖业的生态环境服务功能表现得更加明显，是实现"高效、优质、生态、健康、安全"环境友好型水产养殖发展的有效途径。

鲫鱼具有生长速度快、适应性强、肉质鲜嫩、耐长途运输等优点，适于在稻田养殖。稻鲫综合种养是利用稻田的浅水环境，通过田间工程改造，既种稻又养鲫鱼，以增加稻田单位面积产量、提高单位面积经济效益的一种生产形式。稻田养鲫鱼可以起到良好的生态效益，鲫鱼属于杂食性鱼类，可以摄食稻田中的杂草、浮游生

物、周丛生物等，还可以直接摄食稻田中对水稻有害的害虫；同时，鲫鱼在摄食和活动的过程中可以起到疏松稻田的作用，有利于水稻根系呼吸和对营养物质的吸收利用；此外，鲫鱼的粪便、饲料残渣还可以作为水稻的肥料，促进水稻的生长。经生产实践表明，利用稻田养鲫鱼可以使水稻增产，还可额外获得鱼产品，降低化肥、农药的使用成本，经济效益非常可观。

（一）稻鲫综合种养的基本条件

1. 稻田的选择

稻鲫综合种养区周边应无污染源，选择的田块应水源充足，排灌方便，雨季不淹，旱季不干。水源水质清新、无污染，符合淡水养殖用水水质（NY/T 5051—2001）的要求。田块保水及保肥性能良好，土壤以黏性、肥力较高的黏土或壤土为最佳。面积大小不限，一般以 3～5 亩一个单元为宜。

2. 稻田改造

（1）开挖鱼沟和鱼溜 水稻和鲫鱼对水深、温度、pH、溶解氧、氨氮、透明度等环境因子的需求是不同的。两者之间最大的矛盾在于对水深的需求，水稻在生育期需要水浅，理想的水深为 3～15 厘米，在收割前 1～2 周需要排干，而鲫鱼需要较大的水深，不低于 0.5 米。为了解决这个矛盾，必须对稻田进行改造，在稻田中开挖鱼沟和鱼溜。鱼沟和鱼溜为稻田中的鲫鱼提供栖息活动的场所，还可供鲫鱼在高温季节或晒田时栖避；另外，鱼沟和鱼溜还有利于定点投料以及捕捞时集鱼。鱼沟是进出鱼溜与稻田的通道，一般在距离田埂 1～2 米处挖 1 圈宽 1 米、深 0.5～0.8 米的环形沟；根据田块的大小，可设置"口"字形、"十"字形、"日"字形、"目"字形等不同形式的鱼沟。鱼溜一般位于鱼沟的交叉处，鱼溜深 1.2～1.5 米，且设在上水线的一侧，以方便水体交换。鱼沟和鱼溜面积合计不超过稻田面积的 10%。

（2）筑埂 利用开挖鱼沟和鱼溜挖出的泥土加固、加高、加宽田埂。田埂加固时，每加一层泥土都要进行夯实。田埂应高于田面

0.8～1.2米。为了减少机械耕田泥浆对养殖种类的影响，在靠近环形沟的稻田台面外缘周边围筑宽30厘米、高20厘米的低围埝，将环沟和田台面分隔开。

（3）安装进排水口栏鱼设施　进排水口分别位于稻田两端，最好呈对角设置。进水渠道建在稻田一端的田埂上，排水口建在稻田另一端环形沟的低处，按照高灌低排的格局，保证水灌得进、排得出。在稻田的进出口安装2层鱼栅栏，根据投放苗种的规格选择合适网眼的聚乙烯网片或者铁筛网，空隙大小0.2厘米，既可防止鲫鱼外逃，也可防止敌害生物随水流进入。

（4）稻田消毒　插秧前一周对稻田进行消毒，常用药物为生石灰或漂白粉。每亩使用生石灰25～40千克或含有效氯30%的漂白粉3千克，加水溶解后泼洒全田，以杀灭蚂蟥、水蛇、水老鼠、黄鳝等有害的生物，并改良土壤。待药性消失后，灌水插秧。

（二）水稻栽培与管理

1. 水稻栽培

（1）水稻品种选择　稻鲫综合种养模式一般只种一季稻，水稻品种要选择叶片开张角度小、抗病虫害、抗倒伏、耐肥性强且米质优的紧穗型中稻或粳稻等品种。

（2）稻田整理　稻田整理采用围埝法，即在靠近鱼沟的田面围上一周高30厘米、宽20厘米的土埝，将环沟和田面分隔开。要求整田时间尽可能短，田面要平整适宜机插秧的要求，也可以采用免耕抛秧法。

（3）肥料使用　稻田施肥是促进水稻增产稳产的重要措施。施肥方法、种类和用量要依据水稻不同生育期对养分的需求而定，同时，要考虑到养殖种类的增肥和保肥作用。施肥分为基肥和追肥，基肥是在插秧前使用的基本肥料（也称底肥），追肥是在插秧后使用的补充肥料。根据施用时期的不同，追肥分为分蘖肥、拔节肥和穗肥。各期追肥的施用，总的目的都是满足水稻各个时期对养分的需要，使其生长发育健全整齐，提高水稻产量。

由于养殖的鲫鱼有一定数量的排泄物，耕田插秧前田面上种植的水草和野生的杂草丰富，以及大量的稻秆还田，因此，鲫鱼产量高于 50 千克/亩的稻田一般不施用基肥。若水产品产量不高、稻田土壤肥力不够，则可适量施用肥料，但以有机肥料为主，搭配适量的复合肥。建议在插秧前 10～12 天，每亩施用熟化的农家肥 50～100 千克、尿素 2.5～5 千克，均匀撒在田面并用机器翻耕耙匀。

考虑到养殖鲫鱼的残饵具有增肥作用，追肥主要是施用磷肥和钾肥，氮肥用得少。若需用氮肥，则一般用尿素，禁止使用对养殖种类有较大危害的氨水等。为了减少对养殖鲫鱼的影响和提高肥料的利用效率，追肥施用采取少量多次、分片撒肥或根外施肥的方法，可分次进行，先施半块田，后施其余田。整个水稻生长期施 2～3 次化肥作为追肥，控制施用量，尿素的施用量为 3～4 千克/亩，硫酸铵为 4～6 千克/亩，一次施半块田，注意不能将肥料撒入鱼沟内。

（4）秧苗移栽　秧苗在 5 月下旬至 6 月上旬开始移栽，采取浅水栽插，条栽与边行密植相结合的方法。无论是采用抛秧法还是常规栽秧，都要充分发挥宽行稀植和边坡优势，每亩移栽 10 000～12 000 株为宜，以确保鲫鱼在稻田中有良好的通风透气环境。

2. 稻田管理

（1）水位控制　插秧后，前期做到薄水返青、浅水分蘖、够苗晒田；晒田复水后湿润管理，孕穗期保持一定水层；抽穗以后采用干湿交替管理，遇高温灌深水调温；收获前一周断水。水稻收割后，逐渐提升田面水位，控制在 30 厘米左右，以刚好淹没稻苑。

（2）晒田　晒田总体要求是轻晒或短期晒，即晒田时，使田块中间不陷脚，田边表土不裂缝和发白。田晒好后，应及时恢复原水位，尽可能不要晒得太久，以免导致环沟鲫鱼因长时间密度过大而产生不利影响。

（3）水稻病虫害防治　水稻病害主要有稻瘟病、纹枯病、白叶枯病和细菌性条斑病。虫害主要有三化螟、二化螟、大螟、稻飞虱、稻纵卷叶螟、叶蝉、干尖线虫等。对于单作稻田，一般插秧后要在水稻 4 个生育期施用农药防治病虫害，这 4 个时期分别是移栽期（插秧后 7～10 天）、分蘖拔节期、破口前 5～7 天、扬花灌浆期。对于种养稻田，农户特别担心杀虫剂和杀菌剂对养殖种类产生危害而造成水产品产量的损失，不敢轻易施用农药防治水稻病虫害，只要病虫害不是很严重，一般就不施用农药。对于稻鲫综合种养稻田的水稻虫害，一般可采用物理防控、生物防控和化学防控等措施。

物理防治是用杀虫灯诱杀成虫，每 10 亩稻田在其田间或田埂上安装太阳能诱虫灯或诱虫板。诱虫板包括黄色、绿色和蓝色。黄色诱虫板可用于辅助治蚜虫、白粉虱、木虱等同翅目害虫，绿色诱虫板一般用于诱杀茶小绿叶蝉，蓝色诱虫板可用于辅助防治蓟马。也可以用稻秆扫打，养殖稻田若遇褐飞虱、稻纵卷叶螟或叶蝉流行，可用细长竹竿，在田埂上从一头扫打稻秆至另一头，坠水的这些害虫即可被放养的鱼类或灌水带进的小杂鱼游来吞食，如此反复打扫数次，效果很好。另外，也可以采用水位调控方法，短时间内突然提升水位，淹没或淹死稻秆上的害虫。

生物防治主要是利用和保护好害虫天敌，使用性诱剂诱杀成虫，使用杀螟杆菌防治螟虫。利用放养的水生动物捕食一部分害虫或虫卵。

一般不用化学药物防治病虫害，但当养殖稻田的水稻出现严重的病虫害时，建议选用植物源和微生物源农药产品，在有效地防治病虫害的同时，对鲫鱼的生长不会产生负面影响。用药时采用喷雾方式，粉剂宜在清晨露水未干时喷洒，水剂宜在晴天露水干后喷雾。

（4）排水、收割　排水时应将稻田的水位快速下降到田面水深 5～10 厘米，然后缓慢排水，促使鲫鱼进入环形沟和田间沟。最后，当最浅的鱼沟维持 30～40 厘米的水深时，即可收割水稻。

（三）鲫鱼养殖与管理

1. 养殖品种与苗种来源

鲫鱼可选择异育银鲫、彭泽鲫、高背鲫、方正银鲫等品种，重

点推荐异育银鲫"中科 3 号"或"中科 5 号"。异育银鲫具有生长快、个体大、抗病力强、饲料利用效率高、市场需求量大和养殖经济效益好等诸多优点，深受广大养殖户的喜爱。选用的苗种应来自省级及以上良种场，要求体质健壮、活动力强、体表光滑、无病无伤。

2. 苗种投放

（1）大规格鱼种养殖模式　在水稻栽插后 1 周左右，投放规格为 2～3 厘米的夏花鱼种，放养密度为 800～1 000 尾/亩。秋季鱼种收获规格每尾在 50 克以上，预计产量 40～50 千克。鱼种投放前，用 3%～5% 的食盐水消毒，浸洗 5～10 分钟。

（2）成鱼养殖模式　在水稻栽插后 20 天左右，投放规格为 50～80 克的春片鱼种，放养密度为 200～250 尾/亩，总重约为 15 千克。秋季成鱼收获规格每尾在 150 克以上，预计产量 40～50 千克。鱼种投放前，用 3%～5% 的食盐水消毒，浸洗 5～10 分钟。

3. 饲养管理

饲养管理是提高稻田养鱼产量的关键。在稻田养鱼过程中，主要做好以下工作：

（1）投饵与施肥　在稻渔综合种养中，根据养殖产量，确定是否需要补充投喂饲料。饲料补充投喂量主要取决于养殖种类的放养密度和预期产量水平，日投喂水平视水温而定。稻鲫综合种养过程中，在设计亩产量 50 千克以上的生产模式下，稻田中自然饵料满足不了鲫鱼正常生长的营养需求，需要补充投喂人工饲料。人工饲料既可以是米糠、麦麸、豆渣、玉米面、浮萍等混合饲料，也可以是配合颗粒饲料。饲料的质量要求新鲜、适口性好，要注意不可投喂腐烂、变质的饲料。投喂地点选择在鱼沟内，坚持做到定质、定量、定时、定位投喂，日投喂量根据天气、水质、水温和鱼类大小及活动情况灵活调整，宜控制在鱼类总体重的 3%～5%。每天投喂 2 次，上下午各 1 次。

（2）水位和水质调节　在水稻生长期间，适时调节水深。稻田水深保持在 5～10 厘米；随水稻长高，鱼体长大，加深至 15 厘米；

收割稻穗后保持水质清新，水深在 50 厘米以上，以扩大鲫鱼的活动空间，适宜其生长。晒田对鲫鱼有一定的影响，所以及时清整鱼沟和鱼溜，保证鱼沟和鱼溜的正常水位，便于鱼类有一定的活动空间。由于稻田水浅，酷暑时水温有时达 38～40℃，必须采取措施及时降低水温，在鱼溜上方搭建棚架遮阳，加深水位。水质调节是通过控制水体的透明度来实现的，一般透明度控制在 20～25 厘米为宜，在高温季节要控制在 30～40 厘米。水质过肥，需及时补充新水；水质过瘦，可适量追施有机肥，培肥水质。

（3）鱼病防治　做好鱼病的预防与治疗工作，采取预防为主、防治结合的方式，以控制鱼病的发生和流行。鱼种投放前要做好大田面、鱼沟和鱼溜的消毒工作。苗种放养后，每半个月定期在鱼沟和鱼溜内泼洒生石灰或漂白粉。如每亩用漂白粉 250 克对指环虫、三代虫、水蜈蚣有良好的防治效果；每亩水面用生石灰 1～2 千克，化水后泼洒能预防鱼烂鳃病等。巡田时仔细观察鱼摄食、活动和水质变化情况，发现鱼病，及时治疗，并将病死个体及时捞出，深埋或焚烧处理。

（4）日常管理　坚持每天巡田，注意防逃、防盗。经常检查拦鱼栅、田埂有无漏洞，特别是在暴雨期间加强巡查，及时排洪清除杂物，以防逃鱼。晚上有专人看守，防止他人电鱼、盗鱼。

4. 捕捞

一般在 9 月中下旬开始捕捞。首先将鱼沟疏通，然后再缓慢放水，鱼逐渐集中在鱼沟、鱼溜中，用抄网将鱼捕出；也可以采用在出水口安放溜箱的方法将鱼捕出，及时出售。准备越冬的大规格鱼种或成鱼要尽快地运往越冬池，在转运前要先将鱼放入清水网箱中，待缓出鳃内的污泥，再放入越冬池。

三、莲藕鲫鱼生态养殖技术

莲藕鲫鱼生态养殖技术，是基于稻田养鱼发展起来的一种生态高效养殖模式。参照稻田养鱼工程"沟溜"建设的原理进行莲藕

池塘的改造，是值得推广应用的养殖模式，主要技术包括莲藕田的改造建设、莲藕品种选择和种植、鲫鱼鱼种放养以及莲藕田和鱼类饲养管理。

（一）莲藕田的改造建设

莲藕田的改造建设，主要是加固田埂，开挖鱼沟、鱼坑和设置防逃设施等环节。养鱼莲田的田埂高至 50～60 厘米，呈倒梯形，上宽 30 厘米以上、底宽 50～60 厘米，夯实加固。在莲田中间开挖鱼沟和鱼坑，鱼沟的深度和宽度根据莲藕田的大小确定。鱼沟一般深 20～30 厘米、宽 50～60 厘米，呈"十"字或"井"字形，是鱼类栖息生长、游动于莲田和鱼坑的通道。在田块进水口附近处的田角开挖深 2.5 米、面积占莲藕田总面积不超过 10% 的长方形鱼坑。鱼沟与鱼沟、鱼沟与鱼坑必须连通，利于鱼类活动。在鱼坑的外边设置进水口，在莲田和鱼坑相对的另一边角处开挖出水口，在莲田的进出水口处安装拦鱼设施，防止养殖鲫鱼逃逸。

（二）莲藕品种选择和种植

为了使莲田保持适合鲫鱼栖息的适宜水深，且使鱼有较长的生长期，莲藕应选择深水藕、中晚熟品种。每亩用种量 150～200 千克。藕种要大小适中，藕种过大造成用种量大，增加成本；藕种过小，造成苗弱，影响藕的产量。藕种应是粗壮、整齐、无损伤、无病害、老熟、顶芽完整、有 2～3 藕身的整藕。种植前应对藕种消毒，一般用多菌灵和百菌清 600 倍液浸泡 10 分钟。藕种从挖出到栽种要在 3 天内完成。在栽种前 2～3 天，莲田每亩用生石灰 50 千克遍洒、耙匀，进行消毒。栽种密度：行距 1.8～2 米、株距 1～1.5 米。栽植应选择在晴天下午。栽植时先在田中将藕种按照行、株距排列好，再挖坑栽下。埋入坑中的藕种前段斜向下 30°，后端稍露出土面。栽好后保持莲田 5 厘米左右水深。

（三）鲫鱼鱼种放养

以鲫鱼为主养品种，搭配少量鲢鱼、鳙鱼、团头鲂、草鱼等。鱼种必须体质健壮、规格整齐。放养鱼规格：鲫鱼鱼种 25～50 克/尾，鲢鱼、鳙鱼 50～100 克/尾，团头鲂 25～50 克/尾，草鱼为当年夏花。鱼种放养量要考虑莲田水体的承载量，充分利用莲藕田内的天然饵料，一般按照莲田总面积计算，设计鱼产量 180～220 千克/亩，由此计算出各鱼种放养量。鲫鱼鱼种 400～500 尾/亩，鲢鱼鱼种 30 尾/亩，鳙鱼鱼种 10 尾/亩，团头鲂鱼种 30 尾/亩，草鱼夏花 500 尾/亩。鱼种放养前需要进行消毒，一般用 20 克/米^{3}的高锰酸钾或者 0.3% 的食盐水浸洗 5～10 分钟。放养时间一般在 3 月底，鱼种先放养于鱼坑内，待莲田藕种栽植完成有水后，鱼种就可以进入莲藕田。

（四）莲藕田和鱼类饲养管理

1. 水位调节

藕种栽植初期水深保持 10 厘米左右的低水位，有利于水温和土温升高，加速莲苗生长发育和浮游生物繁殖，为鱼类提供充足的天然饵料；中期应保持 30～50 厘米的较高水位，以不淹没莲叶为宜，可促进莲花盛开，也加大了鱼类活动的水体空间；后期逐渐降水深至 3～5 厘米，可促进藕身粗壮。

2. 施肥

莲藕生长过程中还要施加追肥，要兼顾莲藕和鱼的需要，按莲藕高产要求和鱼类安全允许浓度合理施用肥料。坚持以有机肥为主的施肥原则，追施有机肥 2～3 次。适时适量的追肥可保证莲藕健康快速生长。施肥应在无风晴天的早晚进行，避免中午施肥。施肥时应降低水位至莲田表面，使鱼类集中到鱼沟和鱼坑中，便于土壤吸收肥料，避免鱼类误食。

3. 投饵管理

莲田中具有鱼类喜食的各种天然饵料，但是天然饵料的量有一

定限度，必须要进行人工投饵，促进鱼类快速生长，提高鱼产量。饲料投喂要做到定时、定点、定量和保证饲料质量，养成鱼类觅食习惯，便于检查生长和摄食情况，减少饵料浪费。在鱼坑的外边架设饲料台，安装投饵机，投喂鲫鱼全价配合颗粒饲料。每天饲料投喂量按照鱼体重的 2%～3% 计算，每天投喂 2 次，每次 30～40 分钟，以鱼吃食七八分饱为宜。

4. 鱼病防治和水质管理

莲田养鱼是一种生态的养殖模式，为了保证莲藕和鲫鱼的品质，在整个养殖过程中做到不施任何药物，鱼病防治以预防为主。严格做好养殖池消毒、鱼种消毒和养殖用工具消毒等，杜绝外源病原菌进入系统。经常保持莲田环境卫生，加强水质监控，不投喂变质饲料。通过加注新水进行水质管理，另外还可以使用微生态制剂、泼洒生石灰等措施，保持池水清爽。6—9 月高温季节，每10～15 天加注新水 5 厘米左右。每 15 天左右，每亩用生石灰 10～15 千克化浆后在鱼坑、鱼沟泼洒。

莲田养鱼与稻渔综合种养相似，不另占耕地和其他资源，变单一种植为种养立体结合，不仅改善了莲田的生态环境，避免了用药，提高了种养种类的品质，也增加了农民收入，是值得推广的技术模式。

四、集装箱养殖技术

（一）集装箱养殖技术原理

陆基推水集装箱养殖技术是一种新型的设施养殖技术，循环箱以传统养殖池为依托，不断与养殖池循环，利用集中曝气、斜面集污、旋流分离等方式提高水体溶解氧，保持养殖水质。整套的陆基推水养殖箱由快速排污养殖箱体、杀菌系统（臭氧发生器）、水处理系统（干湿分离器、池塘）、排水系统（液位控制管及后续管道）、进水系统（水泵浮台及水泵）、增氧系统（鼓风机）及其他辅助设施组成。系统运行原理为养殖箱内高密度养殖商品鱼，不断有池塘新水经过臭氧杀菌流至推水箱中，推水箱中的养殖废水经微滤机去除悬浮颗粒后流入池塘，经过池塘（湿地生态池，可以养殖植食性鱼类，不投饵）的净化后再被水泵抽回集装箱，完成一次循环，如此反复循环（图3-6）。每一个系统的运行功能如下。

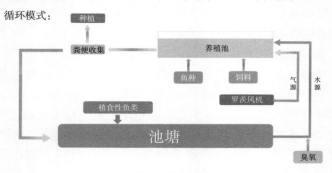

图 3-6　陆基推水集装箱养殖模式

1. 排污系统

方形箱便于制造，但不利于箱体排污，集污效果不良，同时，边角处难以避免紊流出现。为避免方形箱的这些弊端，结合力学模拟报告结果，改变养殖箱体结构，使其底面坡度为 1/10。同时在箱体三周增加曝气管，避免粪便沉积。

2. 水处理系统

集污槽中的水体携带粪便颗粒流至微滤机中，大粒径颗粒被收集到微滤机排污管，供蔬菜种植利用。小颗粒随水流沿中间管溢流出至池塘中。池塘内养殖鲢鱼、鳙鱼等以浮游生物为食的鱼种。池塘具有生态处理功能，每亩配 2 组推水箱。微滤机水处理量为 60 米³/时。

3. 出鱼系统

对出鱼口四周进行打磨处理，使其顺滑无尖角，养殖品种可顺畅地滑出箱体至接鱼池中。箱体内部有挡鱼板，可实时开关，控制出鱼启停。出鱼滑梯可将商品鱼接至接鱼池中，节省人力。以上组合实现集装箱出鱼省时、省力、快速的使用要求。收获时，成鱼会顺水流集中

到箱底一侧,减少成鱼脱离水体时间,降低成鱼应激反应,防止鱼体皮肤损伤,基本实现无伤害收鱼(相比池塘和工厂化养殖,此优势明显);在运输过程中,无伤成鱼对环境的耐受能力强,不易发生水霉病。

4. 进水系统

箱体水泵利用浮桶抽取池塘中上层的水进入养殖箱体内,中上层的水含氧量高,致病菌少,无土腥味。养殖池塘的致病菌都是兼性厌氧的,均分布在池塘的底部,集装箱养殖系统的进水系统可保证养殖箱内鱼发病率低,无土腥味。

5. 增氧系统

增氧系统要求进气量 25 米^3/时,气压 0.03 兆帕,按并联箱体数量选配风机规格。进气管由排空阀和 PVC/PPR 管连接,增氧系统时刻开启,箱内转配溶解氧探头,保证箱体内溶解氧超过 5 毫克/时。同时,变频控制增氧系统,以适应不同养殖阶段的养殖品种对溶解氧的不同需求。

6. 杀菌系统

杀菌系统配备臭氧发生器,最大产生量为 5 克/时。系统中臭氧的应用主要有杀菌和消毒两方面,包括初次加水消毒,初次加水时将臭氧发生器调节至最大臭氧产生量 5 克/时,箱体内水的循环量为 15 米^3/时,逐步减少调节至 10 米^3/时,即可使箱体内臭氧浓度维持在 0.33～0.4 毫克/升。此浓度的臭氧杀菌能力强。在养殖期间,系统循环量稳定在 15 米^3/时,臭氧添加量 2～3 克/时,调节水体臭氧浓度在 0.1～0.15 毫克/升的安全消毒浓度。此外,臭氧具有去除氨氮、铁、锰,氧化分解有机物和絮凝的作用,降低养殖水体中重金属毒性及氨氮毒性。

(二)集装箱养殖优势

集装箱养殖与传统养殖模式相比,具有养殖成本低、养殖密度高、饲料利用率高、建设周期短、移动性强、污染少、能耗低、捕获简单、抵御自然灾害能力强、病害可控等优点。另外,此类型集装箱满足标准化生产所需条件,生产成本低,次品率低,适合大范围推广。

1. 养殖成本低

养殖成本体现在捕捞成本、排塘干塘成本、饲料成本和运行管理成本。

（1）捕捞成本　由于陆基推水养殖箱占地小、区域集中并在箱侧设置大口径的渔获物收集口，收获操作简单。对比传统池塘养殖的人工捕捞，用工少并且对鲫鱼的损伤也大大降低，有利于活体运输和保持质量，还大大节省了人工捕捞的费用。

（2）排塘干塘成本　传统的池塘养殖方式由于鱼塘里各种肥料残渣、鱼类粪便、泥沙杂质等日积月累，容易繁殖各种病原微生物，必须定期排塘和干塘；而使用陆基推水集装箱养殖，残饵、粪便在第一时间流出箱体，箱体底部有下凹集污槽，集污槽侧面连接旋流分离器，含有颗粒物的养殖水体经过旋流分离器后，大颗粒物会聚集在旋流分离器的集污器中，被集中收集处理，初步固液分离后的水体会回到池塘中，节省了排塘干塘的成本。

（3）饲料成本　陆基推水集装箱养殖提升了饲料利用率。在养殖箱里高密度养殖，可集中投喂，精准控制，与传统池塘养殖相比，可减少全塘撒料产生的浪费，节省了饲料成本。

（4）运行管理成本　低能耗、均匀的曝气设计，使单位能耗更低。对比传统的池塘养殖，管理成本低，一个工人可以看管多个陆基推水集装箱。

2. 鱼质好且健康

在陆基推水集装箱中，水是不断环流的。鱼的天性是顶水的，在顶水的过程中，不断把油脂消耗掉，所以鱼质好。

3. 养殖密度高

本养殖模式为高密度养殖模式，养殖容量大大提高，最大可以达到 100 千克/米³，单位立方水体产量是传统土塘的 $20\sim50$ 倍。

4. 系统模块化

建设周期短，移动性强。集装箱安装简单，建造速度快，建设周期短，能够迅速形成生产力。如养殖场地发生变更，可迅速拆解到新场地重新安装。

5. 处理系统和生态修复能力强

该模式利用池塘作为缓冲和水处理系统,池塘中除了投放少量的鲢鱼、鳙鱼以外基本不养殖任何鱼类,只将池塘进行分级水处理,生态修复能力强大,池塘积淤少,清淤费用少,池塘使用年限延长。

6. 污染少

该模式配备养殖废水沉淀系统,可将养殖废水进行多级沉淀去除悬浮颗粒后排入池塘进行净化,养殖过程所产生的大部分残饵、粪便可集中收集并进行无害处理,养殖自身污染极小。

7. 病害可控

由于箱式推水养殖换水量大、水质好,因此病害发生的概率相对大大减少。容易观察病害情况,可提前做好病害防控。另外,养殖区域集中,使用许可药物进行病害防治的用药量也大大减少。

8. 抵御自然灾害能力强

该模式可以有效地抵御台风、洪水、高温和寒潮。极端环境条件下,可关闭循环,以保障鱼类生存。养殖箱中有 5 根纳米曝气管,通过罗茨风机供气,以增氧及推动水流,整个箱中溶解氧均匀,不会出现缺氧的问题。

(三)水质净化池塘改造方法

水质净化池塘是集装箱养殖的关键,直接影响箱体内水质的好坏。因此,一般将池塘设计分为 3 级,1 级池塘:2 级池塘:3 级池塘为 1:1:8(若池塘水面为 10 亩,则 1 级池塘为 1 亩,2 级池塘为 1 亩,3 级池塘为 3 亩)(图 3-7)。1 级、2 级和 3 级池塘均种植水生植物,1 级池塘可养殖一些滤食性鱼类(如鳙鱼等);2 级和 3 级池塘除种植水生植物外,还可种植藻类。1 级和 2 级池塘作为生态处理池。3 个池塘有高低落差,经过处理后,通过漫流的方式进入下一个塘继续进行水处理(图 3-8)。

在 1 级池塘中,排泄物、残饵沉淀至塘底,塘底具有良好的厌

图 3-7　集装箱养殖系统整体设计

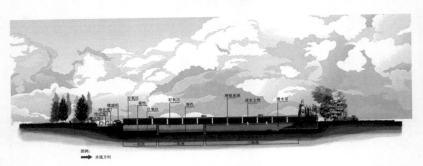

图 3-8　净化池塘设计示意

氧条件。水塘是一个相对完整的生态净化系统，在好氧菌、光合菌、藻类、兼性菌、厌氧菌的协同作用下，污染物被分解利用。1级池塘水微生物分布为：塘水上层主要为好氧菌、光合菌、藻类；塘水中间层主要为兼性菌、藻类；塘水下层以厌氧菌为主，降解排泄物、残饵。

经过 1 级池塘处理，大部分固形物被沉淀，大部分有机污染物被降解。1 级池塘上清水自流到 2 级池塘，水的透明度高于 1 级池塘。好氧层、兼性层的厚度增加，厌氧层相对减少。经过 2 级池塘，水体得到进一步净化。

3级池塘一般配备增氧机，由于增氧机的作用，在上层水中形成较好的好氧条件，氨氮被硝化为硝基态氮。由上层到中层、下层，形成了由高到低的溶氧梯度，水中有机物为反硝化提供碳源，为生物脱氮提供了良好条件。

同时，在塘边上建造水泥沉淀池，可配套干湿分离器。干湿分离器的排污管流向水泥沉淀池，沉淀池的上清水自流向1级池塘，沉淀池中的残饵、粪便可被收集做其他用，同时减少池塘的净化负担（图3-8）。

（四）集装箱养殖技术

1. 进苗前准备

（1）集装箱准备　用10克/米³强氯精兑水或者漂白粉兑水在箱内四周均匀泼洒，并检查集装箱中的循环水设备和曝气管。提前2天进水进行曝气，并进行溶解氧、温度、pH、氨氮、亚硝酸盐等水质指标的检测。

（2）提前去苗场检测鱼苗　根据鱼苗的健康程度、活力情况，分析是否进苗。同时，还需要对不同规格的鱼苗进行筛选分级。另外，需要比运苗车稍高密度吊水2～5小时（吊水网具太粗糙或吊水时间太长，容易使鱼苗应激擦伤引起烂身、烂尾等），应该提前泼洒姜水或使用抗应激维生素C等药物减少吊水操作应激。

2. 进苗时的操作

（1）运鱼苗车应该提前用高浓度药水消毒后再清洗，如高锰酸钾或聚维酮碘，尽量用较干净一点的河水或池塘水清洗。

（2）打样，带水上苗。小苗要用质量轻的塑料桶和5～10千克的电子秤称重，精确到克，减少误差。

（3）鱼苗装上车时就加入适量麻醉剂，减少多次上鱼的应激。可多次加但不能加太多，根据鱼苗大小和密度适当调整用量，只要鱼身体有轻微偏斜，少部分鱼翻肚，用手可轻松抓住水中鱼苗即可。若鱼苗翻肚较多，则说明麻醉剂加入过量，需及时加清水稀释，避免深度麻醉引起死亡。运输距离较长时，过5～6小时需要

81

再补加 1 次麻醉剂。鱼车装好苗后，用聚维酮碘 2 克/米³ 进行消毒。

（4）鱼苗到达基地后，先将每格的鱼苗排水 1/3，再均匀缓慢地加注集装箱内的水，调节水温。加满后再排 1/3 水，加注集装箱内的水调节好温差，鱼车和集装箱里的水温相差不超过 2℃。注意要缓慢升温，避免短时间内水温相差较大，引起鱼类感冒或出现其他不适症状。

（5）根据鱼的活动性往鱼车里再加 10 克/米³ 麻醉剂，同时，加聚维酮碘 25 克/米³ 消毒。待 5～8 分钟鱼安静后开始转苗进箱（注意观察鱼苗活动情况，具体时间根据实际情况调整把控）。

（6）鱼苗进箱前，取几条鱼苗进行镜检和解剖，查看是否有寄生虫或其他特殊情况，确保做好防治措施。

（7）鱼苗进箱后先停料 1 天观察情况，用聚维酮碘 2 克/米³ 向集装箱水体里均匀泼洒消毒后，隔 1 小时再次向水体中泼洒抗应激药物，第 2 天再消毒 1 次，同时内服 3～5 天抗应激药物，每天投喂 1 次；投料偏少一点，保持较好的水质。

3. 进苗后操作

鱼苗进箱后不要用强氯精等刺激性较强的药物进行消毒，应选择性质温和的消毒药物，如二氧化氯、聚维酮碘等。第 3 天开始逐步升高箱体内的水温到 28℃ 左右。观察 1 周后，确保鱼无大碍再逐步加料。若发现有寄生虫，镜检只有少量（1 个镜检只有几个虫）虫体，可以先考虑不杀虫处理。如果杀虫，第 2 天必须大量换水，复查是否还有虫后再决定是否需重复 1 次杀虫处理。

4. 投喂管理

每天早上喂料前，先巡查一遍每个箱的情况。正常情况下，当人走过时，箱内的鱼都会朝人的方向聚集索饵。同时，也可以对比鱼往日的聚集情况和活动情况，判断出鱼当日的健康状况和吃料状态。对活动状况减弱的鱼苗箱子进行有针对性的检查，如镜检是否有寄生虫，观察体表是否有外伤，解剖看内脏是否健康，做到对鱼苗的健康情况实时掌握。

喂料要定时、定量、定点、定质、定人，刚进的苗要驯化好，喂料时用饲料铲轻轻敲击箱体边缘（若鱼能集群摄食则不需要敲击），吸引鱼群。投料只投天窗前端，让鱼不怕人，聚集在前面摄食。喂完料的同时将散落在箱体边缘的饲料清除，防止霉变。喂料以鱼15分钟内吃完为宜。观察是否有池边独游、突眼、打转等异常的病鱼；如有，则捞出镜检解剖，及时处理。

5. 进苗后期管理

工作人员需做好鱼类摄食、用药、水质、死亡等各种情况的详细记录。每天不低于4次检查增氧气泵管道是否漏气或突然出现其他故障，循环水设备如水泵是否正常工作，管道是否脱落等，确保设备正常运转。养殖过程中，养殖工具要做到专箱专用，禁止混用工具，以免病原相互传染。维护各种设施（箱体、循环水管道等）、设备（增氧管、水泵等），使其正常运转，性能良好。集装箱周边随时保持干净，同时做好鱼病处理。鱼病防治做到预防为主，养殖箱应定期消毒与保健，发现异常要及时检查。如发现有病鱼、寄生虫等，要根据实际情况进行防治。处理后要随时观察鱼的活动情况，如发现异常应采取相应措施解决，尽量减少死亡。水质检测每天1次，检测指标有水温、溶氧、酸碱度、氨氮、亚硝酸盐等，如遇水质突变，随时检测。

养殖小鱼阶段，推水箱的循环模式不用24小时开启，可根据鱼的活动状况和水质指标进行合理换水和开启水泵循环。消毒时需要关掉水泵。每个月保健2次，投喂大蒜素、多维、维生素C、三黄散、黄芪多糖等，根据不同品种可以选择性使用。根据具体情况，也可以定期杀虫或拌虫虫草等驱虫药投喂预防。每月消毒2次，停料1～2天并打样，掌握鱼的生长情况，调整投喂量。

随着养殖时间的延长，养殖箱内的鱼会出现大小差异。这样就会导致大鱼越大，吃料过多；小鱼吃不到料，生长滞缓。造成饲料系数升高，增加养殖成本。分级后鱼才能更好吃料，生长更快，且卖鱼时规格才能整齐，符合要求。养殖后，每1～2个月分级大中小三个规格，分级前停料 1～2 天，分级时降低水位，留 30～50 厘米水深，保证曝气管在水里充氧，使用二氧化碳等麻醉剂对鱼进行麻醉，减弱鱼的活动，这样基本可以保证不伤鱼，成活率高。麻醉的标准为鱼活动减弱，有轻微翻肚，用手抓时不跳跃。若加入麻醉剂过量，鱼全部翻肚，加入清水稀释即可，一般鱼鳃盖在动则问题不大，麻醉后的鱼放入清水 2～10 分钟即可苏醒。第 2 天正常投喂即可。

集装箱循环水养殖由于是高密度集约化养殖，鱼类排泄物和残饵在水体中发酵会产生多种有害物质，恶化水质，造成疾病的发生，最终会导致鱼类的大量死亡。因此，每天必须排污 1 次，需要打开排污阀及时排出沉积在箱底的鱼类排泄物和残饵，通过旋流分离器收集后集中处理，减少池塘水处理的压力。排污完成后关闭排污阀，随着水位上升到设计高度后，水从溢流管排到池塘（刘波，2019）。

6. 出鱼、运输和上市

集装箱循环水养殖技术可以根据鱼类的生长情况和市场价格随时起捕上市，出鱼比池塘养殖简单，只需先将集装箱中的水基本排干，然后打开出鱼口把鱼放出即可，既降低劳动强度、节省了捕捞成本，又减小鱼体受伤概率，提高商品鱼的品相。

出货前采用加地下井水或加冰的方式，将水温逐步调整到 22℃ 左右，每天调整温差不超过 2℃。在此期间不投喂，箱体内加大曝气，每天适当拉网锻炼。养殖箱内放掉 2/3 的水，放入麻醉剂，将鱼麻醉后用水桶装少量水转运，尽量徒手操作，避免鱼受伤，称重后提上运输车，放入鱼舱，注意速度要快并全程带水操作。待运输箱内鱼全部清醒 1 小时后，往鱼舱内注入麻醉剂，麻醉剂量控制在平时剂量的一半，适当减弱鱼的活力即可。在运输过程中注意观察鱼的活动情况，每隔 0.5 小时检查供氧设备是否正常以及水温情况等。

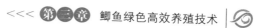

第三节 鲫鱼营养需求和投喂技术

一、营养与饲料

近10多年来，我国鲫鱼的养殖规模迅速扩大，特别在长江流域，鲫鱼已成为淡水养殖的主要品种。水产养殖业的发展带动了相关的饲料营养研究，目前关于鲫鱼营养需求的研究主要集中在异育银鲫。

（一）蛋白质需求

鱼类对蛋白质的需求量，受到鱼的种类、食性、年龄、发育阶段、水温、水质、饲料蛋白源和日投饲量等因素的影响。在不同食性的鱼类之间研究得出的蛋白需求有较大的差异。杂食性鱼类对碳水化合物等能源物质利用较好，其用于能量消耗的蛋白比例减少，因此，对饲料蛋白需求量较小。

目前，已有很多研究报道了鲫鱼的蛋白质需要量，由于采用的实验条件、材料方法及品种、生长发育阶段的差异，得出的结论不尽相同。钱雪桥（2001）报道，以鱼粉为蛋白源，4.8克的异育银鲫幼鱼蛋白质需要量为38.4%。He等（1988）报道，异育银鲫鱼种蛋白质最适需要量为39.3%。胡雪锋研究发现，以鱼粉、豆粕、棉粕、菜粕为蛋白源，体重为8~20克的方正鲫达到最大生长速度的蛋白质需要量为40.6%，20~40克的方正鲫蛋白质需要量为35.4%。大量研究表明，鲫鱼鱼苗到鱼种阶段饲料蛋白质的需要量在30%~39.3%，鱼苗阶段饲料蛋白质需要量比鱼种高。

鲫鱼的养殖周期从鱼苗养至上市规格，至少需要经过两年的时间，即使放养较大规格鱼种，也要经过6个月以上的养殖才能达到上市规格。现有的鲫鱼蛋白营养需求研究基本都集中在幼鱼，然而鱼类在不同发育阶段的蛋白需求差异较大。张萍等（2001）推荐，鲫鱼种饲料蛋白含量≥33%，成鱼饲料蛋白含量≥28%。根据2004年鲫鱼营养行业标准，鲫鱼鱼苗饲料蛋白含量≥39%，鱼种饲料蛋白含量≥32%，食用鱼饲料蛋白含量≥28%。生产配方中鲫鱼鱼种饲料粗蛋白含量一般在33%～36%，与推荐值比较接近。

（二）脂肪需求

脂类是鲫鱼三大能源物质之一，可比等量的蛋白质和碳水化合物提供更多的能量，且能提供必需脂肪酸，还是脂溶性维生素的溶解介质。有关鲫鱼对脂肪的需要量，He 等（1988）报道，异育银鲫对脂肪的需求为 5.1%，另有报道为 7.3%。王爱民等（2010）提出，体重 17 克的异育银鲫适宜的脂肪需求量为 4.08%～6.04%。Weigand（1993）指出，饲喂含 10%鳕鱼肝油的鲫鱼生长发育快于饲喂 5%鳕鱼肝油＋5%菜籽油的鲫鱼及饲喂 10%菜籽油的鲫鱼。Radunz-Neto 等（1993）发现，鲫鱼苗对 omega-3 系列脂肪酸的需求量较低，指出饲料干物质中的脂肪酸含量应低于 1%，高度不饱和脂肪酸含量应低于 5%。张萍等（2001）推荐，鲫鱼种饲料粗脂肪适宜含量为 5%～8%，成鱼为 5%～7%，与鲤（3%～6%）、青鱼（3%～8%）、草鱼（3%～8%）、斑点叉尾鮰（5%～6%）等对脂肪的需求比较接近。生产配方中鲫鱼饲料粗脂肪含量一般在 5%～9%之间，与推荐含量是一致的。

（三）碳水化合物需求

鲫鱼是杂食性鱼类，自然水域中生长的鲫鱼以摄食植物性饵料为主，能较好地利用碳水化合物。碳水化合物是廉价的能源物质，研究鲫鱼对碳水化合物的利用能力，对于探讨碳水化合物的蛋白质节省效应、降低饲料成本有重要意义。目前，这方面的研究报道不太多，主要集中在饲料中碳水化合物的适宜含量、鲫鱼对糖的耐受性以及鲫鱼淀粉酶活性等方面。

有研究报道，异育银鲫饲料中粗纤维的适宜含量为 8%～

11%，但它对饲料中粗纤维的消化率为0。当粗蛋白含量为39.3%时，异育银鲫鱼苗饲料中糖类的适宜含量为36%；粗纤维适宜含量为12%（He等，1988）。用糊精含量分别为5%、25%、50%的三组精制饲料饲养异育银鲫鱼种，发现饲料中25%的糊精水平较适宜（蔡春芳等，1998）。异育银鲫饲料中适宜的碳水化合物含量为27.2%～28.8%（Li et al.，2016）。一般认为，草鱼、鲤鱼、鲫鱼等的碳水化合物需要量为30%～50%。由于碳水化合物是饲料中最便宜的能源，生产配方中鲫鱼饲料碳水化合物的添加量也在30%～50%。异育银鲫对常量营养素的需求具体见表3-1。

表 3-1　异育银鲫对常量营养素的需求

营养素	生长阶段（克/尾）	需要量（%）	参考文献
蛋白质	幼鱼4.8	38.4	钱雪桥，2001
	鱼种87	33.7	Ye et al.，2015
	成鱼180	37.4	Tu et al.，2015a
脂肪	幼鱼4.5	14.05	Pei et al.，2004
	鱼种55	12.6	Zhou et al.，2014
	成鱼189	12.2	Zhou et al.，2014
碳水化合物	幼鱼18.3	24.0	裴之华等，2005
	鱼种70	28.8	Li et al.，2016
	成鱼170	27.2	Li et al.，2016

（四）氨基酸需求

蛋白质营养的实质是氨基酸营养。鲫鱼对蛋白质的需求，实际上是对必需氨基酸与非必需氨基酸混合物的需求。虽然在一般情况下，必需氨基酸与饲料蛋白质含量呈正相关，但蛋白质含量相同的饲料，由于蛋白源不同，必需氨基酸的含量与比例可能差异很大。鱼类不但对氨基酸总量有一定的需求，而且要求氨基酸平衡，即配合饲料中各种氨基酸的含量及比例应与鱼、虾类对必需氨基酸的需求一致。如果饲料中缺乏某种氨基酸，尤其是限制性氨基酸，则会导致鱼类生长不良，造成一些病理上的症状；即使氨基酸含量足够，若它们比例失调，不仅会造成氨基酸的浪费，而且会造成鱼类生长效果下降。如饲料中缺乏色氨酸，会导致鱼类脊椎侧凸，动脉充血，肾有钙离子不正常储积现象以及在脊索的周围发生骨板；缺乏蛋氨酸，会导致白内障；缺乏赖氨酸，导致鳍条腐烂。异育银鲫对氨基酸的需求具体见表 3-2。

表 3-2　异育银鲫对氨基酸的需求

营养素	生长阶段（克/尾）	需求量（%）	参考文献
赖氨酸	幼鱼 7.85	3.27	周贤君，2006
赖氨酸	成鱼 73.6	2.12	涂永芹 2015
赖氨酸	成鱼 180	1.79	涂永芹，2015
蛋氨酸	幼鱼 1.67	0.69	周贤君，2005
精氨酸	幼鱼 2.53	1.55	马志英，2009
精氨酸	成鱼 70	1.65	Tu et al.，2015b
精氨酸	成鱼 180	1.28	Tu et al.，2015b
组氨酸	幼鱼 2.79	0.82～0.83	马志英，2009
亮氨酸	幼鱼 3.15	1.67～1.89	李桂梅，2009
异亮氨酸	幼鱼 2.88	1.32～1.41	李桂梅，2009
苯丙氨酸	幼鱼 3.2	1.09	马志英等，2010
苏氨酸	幼鱼 3.08	1.77	李桂梅，2009
缬氨酸	幼鱼 3.2	1.72	李桂梅等，2010
牛磺酸	幼鱼 2.81	0.40	马志英，2009
色氨酸	幼鱼 3.29	0.25～0.26	马志英，2009

（五）脂肪酸需求

通常鱼类对脂肪的需求与其对脂肪酸的需求密切相关，在满足必需脂肪酸需要量后，部分或完全替代鱼油对于生长的影响不是很明显。饲料中必需脂肪酸不足时，鱼类一般会出现鳍条腐烂、休克、肝脏苍白肿大、畸形、肝体指数高、生长减缓和死亡率增加等症状。必需脂肪酸过量时也会出现相似症状。鱼体组织的脂肪酸组成，基本上反映了饲料的脂肪酸组成。

陈家林（2008）研究了异育银鲫对亚油酸（18：2n-6，LA）和亚麻酸（18：3n-3，LNA）的需求。研究结果表明，饲料中18：2n-6 水平对肝体指数、脏体指数、肝脏脂肪和血清生化指标都没有显著性影响，LA 与 LNA 之间不存在交互作用。饲料中不同亚油酸和亚麻酸水平（LA/LNA），对异育银鲫的特定生长率没有明显影响。饲料中高含量 LA 显著提高了能量表观消化率并降低了血清总胆固醇，而 LNA 没有明显影响。肝脏脂肪酸组成基本上反映了饲料的脂肪酸组成，而肌肉脂肪酸变化较小。不管饲料中 LNA 水平如何，肝脏中 18：2n-6 和 20：4n-6 随着饲料中 LA 水平的升高而增加，尤其在 27%LA 组；13%LNA 组肝脏 18：3n-3 和 20：5n-3 含量显著高于 2% 和 6.5% 组，2%LNA 组肝脏中 22：6n-3 含量显著低于其他两组，且不受饲料中 LA 的影响。异育银鲫饲料中 18：2n-6 和 18：3n-3 的合适含量，分别为总脂肪酸的 17% 和 6.5%（相当于饲料的 1.3% 和 0.5%）。

（六）矿物元素和维生素需求

矿物元素和维生素是维持鱼类正常代谢不可缺少的物质。鱼类对其营养需求因剂型、剂量、动物种类以及不同的生长阶段、添加方式、季节、水体和试验条件的控制等不同而有所不同。大多数维生素作为多种酶的辅酶，参与动物生理活动以及生长性能的发挥。而鱼的种类不同，其利用营养物质的能力以及代谢途径都不同程度地存在差异，这种代谢率的变化必然会影响鱼类对维生素的需要量（李爱杰，1996）。与大多数陆生动物不同，鱼不仅从饲料中摄取矿物质，而且从体外水环境中吸收矿物质（NRC，1993）。淡水鱼通过体表、鳃等吸取无机盐，海水鱼通过吞饮海水而获得。通常从水中吸收 Ca、Mg、N a、K、Fe、Zn、Cu 和 Se，可部分满足鱼类的营养需求。因受饲料和水环境中矿物质的影响，要获得较为准确的鱼类矿物质需要量极为困难。

生产中应注意灵活掌握，以供给适宜的添加量，保证鱼体的健康。异育银鲫对矿物元素和维生素的需求参数见表 3-3。

表 3-3 异育银鲫对矿物元素和维生素的需求

营养素	生长阶段（克/尾）	需求量	参考文献
维生素 A	成鱼 69.4	2 698 国际单位/千克	Shao et al.，2016
维生素 E	幼鱼 3.3	43 毫克/千克	张月星等，未发表
维生素 K	幼鱼 2.17	3.73~6.72 毫克/千克	段元慧等，2013
维生素 B_1	幼鱼 5.1	10.8 毫克/千克	龚望宝，2005
维生素 B_2	幼鱼 1.4	3.76 毫克/千克	王锦林，2007
维生素 B_2	幼鱼 23	18 毫克/千克	林仕梅等，2003
维生素 B_6	幼鱼 3.3	7.6~11.4 毫克/千克	王锦林等，2011
维生素 B_6	幼鱼 23	5 毫克/千克	林仕梅等，2003
维生素 B_{12}	幼鱼 3.49	不需添加	段元慧，2011
维生素 C	幼鱼 6.1	200 毫克/千克	王道尊等，1996
维生素 C	鱼种 42.2	300~500 毫克/千克	宋学宏等，2002
维生素 C	鱼种 77.2	193~225 毫克/千克	Shao et al.，2018
烟酸	幼鱼 1.9	31.27 毫克/千克	王锦林，2007
烟酸	幼鱼 23	不添加	林仕梅等，2003
泛酸	幼鱼 2.2	32.02 毫克/千克	段元慧，2011
泛酸	幼鱼 23	30 毫克/千克	林仕梅等，2003
肌醇	幼鱼 3.38	165.3 毫克/千克	Gong et al.，2014
叶酸	幼鱼 6.1	0.92~0.97 毫克/千克	段元慧，2011
胆碱	幼鱼 6	0.3%氯化胆碱	莫伟仁等，1996
胆碱	幼鱼 5.5	2 500 毫克/千克	Duan et al.，2012
Ca	幼鱼 6.1	不需添加	叶军等，未发表
Ca	幼鱼 6.59	0.48%~0.68%	汤峥嵘和王道尊，1998

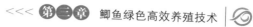

（续）

营养素	生长阶段（克/尾）	需求量	参考文献
P	幼鱼 6.1	0.69%	叶军等，未发表
P	幼鱼 6.59	0.92%～1.22%	汤峥嵘和王道尊，1998
P	幼鱼	1.3%～1.5%	Xie et al.，2018
Mg	幼鱼 3.1	无需添加	Han et al.，2012
Mg	幼鱼	0.04%	艾庆辉和王道尊，1998
Fe	幼鱼 2.1	202.00 毫克/千克	Pan et al.，2009
Fe	幼鱼 21.89	1 150.8 毫克/千克	萧培珍，2007
Zn	幼鱼 5.4	50 毫克/千克	李金生等，未发表
Zn	幼鱼 21.74	128 毫克/千克	萧培珍，2007
Cu	幼鱼 4.9	4～6 毫克/千克	李金生等，未发表
Cu	幼鱼 7.58	24.18 毫克/千克	袁建明，2008
Mn	幼鱼 3.21	13.77 毫克/千克	Pan et al.，2008
Mn	幼鱼 7.58	139.9 毫克/千克	袁建明，2008
Se	幼鱼 7.58	0.6～1.2 毫克/千克	朱春峰，2009
Se	幼鱼 2.74	1.18 毫克/千克	Han et al.，2011

（七）鲫鱼高效饲料配方

我国现行有效的行业标准《鲫鱼配合饲料》（SC/T 1076—2004）中鲫鱼配合饲料的营养成分要求见表3-4。

表3-4　鲫鱼配合饲料主要营养成分指标

项目	鱼苗饲料（%）	鱼种饲料（%）	食用鱼饲料（%）
粗蛋白质	≥39	≥32	≥28
粗脂肪	≥8	≥5	≥4
粗纤维（颗粒饲料）	≤3	≤8	≤10
粗纤维（膨化饲料）	≤3	≤6	≤6

（续）

项目	鱼苗饲料（%）	鱼种饲料（%）	食用鱼饲料（%）
粗灰分	≥16	≤14	≤12
含硫氨基酸	≥1.1	≥0.8	≥0.7
有效赖氨酸	≥2.3	≥1.7	≥1.5
总磷	≥1.2	≥1.1	≥1.0

目前，我国的鲫鱼养殖主要分为池塘精养模式、池塘混养模式等。鲫鱼精养模式：以鲫鱼为主，辅以"四大家鱼"，全程投喂配合饲料，当年上市，该模式主要出现在江苏、四川和广东地区。鲫鱼混养模式：以草鱼、罗非鱼、泥鳅等水产动物为主要养殖品种，搭配鲫鱼养殖的混养模式。针对不同的养殖模式，其营养需求和适用饲料是不完全一致的，饲料系数多在 1.4～1.8。不同养殖模式下鲫鱼膨化和颗粒配合饲料的典型配方见表 3-5 至表 3-9。

表 3-5　精养模式下鲫鱼膨化配合饲料典型配方 1（饲料蛋白约 32%）

原料	含量（%）
秘鲁鱼粉	8.00
日本鱼粉	3.00
猪肉骨粉	6.00
菜粕	4.00
46%豆粕	20.00
50%棉粕	12.00
米糠	15.20
米糠粕	3.00
小麦	18.00
外喷豆油	6.00

（续）

原料	含量（%）
磷酸二氢钙	2.80
鲫鱼预混料	2.00
合计	100.00

表 3-6 精养模式下鲫鱼颗粒配合饲料典型配方 1（饲料蛋白约 34%）

原料	含量（%）
秘鲁鱼粉	10.00
猪肉骨粉（56%CP）	11.00
46%豆粕	20.00
50%棉粕	16.00
小麦	14.00
米糠	18.00
豆油	4.50
磷脂油	1.00
磷酸二氢钙	2.50
鲫鱼预混料	2.00
沸石粉	1.00
合计	100.00

表 3-7 精养模式下鲫鱼颗粒配合饲料典型配方 2（饲料蛋白约 34%）

原料	含量（%）
进口鱼粉	15.00
肉粉	5.00
豆粕	20.00
菜粕	10.00
棉粕	10.00

（续）

原料	含量（%）
米糠	8.00
小麦	20.00
豆油	7.00
磷酸二氢钙	1.80
食盐	0.20
胆碱	0.25
预混料	1.00
膨润土	1.75
合计	100

表 3-8　混养模式下鲫鱼颗粒配合饲料典型配方 1（饲料蛋白约 32%）

原料	含量（%）
国产鱼粉（63%CP）	5.00
猪肉骨粉（56%CP）	7.00
46%豆粕	22.00
50%棉粕	17.00
菜粕	6.00
小麦	14.00
米糠	15.00
米糠粕	2.00
豆油	4.00
磷脂油	1.50
磷酸二氢钙	2.50
混养鱼小料	2.00
沸石粉	2.00
合计	100.00

表 3-9   混养模式下鲫鱼颗粒配合饲料典型配方 2（饲料蛋白约 30%）

原料	含量（%）
进口鱼粉	8.50
肉粉	5.00
豆粕	25.00
菜粕	20.00
米糠	10.00
小麦	20.00
豆油	5.50
磷酸二氢钙	1.80
食盐	0.20
胆碱	0.25
预混料	1.00
膨润土	2.75
合计	100

二、饲料投喂技术

鲫鱼为典型底层鱼类，可生活在江河、湖泊、池塘等不同水体中，其最佳摄食、生长温度为 24～30℃。异育银鲫系选育品系生长速度快于普通鲫鱼，当年个体可以达到 0.25 千克，最大可达 1 千克。2 龄鱼一般可达 0.4～0.6 千克。在天然条件下，1.5 厘米以下的鱼苗食物以轮虫为主；较小的幼鱼摄食藻类、轮虫、枝角类、桡足类、摇蚊幼虫及其他昆虫幼虫；3 厘米以上的鱼苗，则为以植物食性为主的杂食性。在人工养殖条件下，可全程使用人工配合饲料。

鲫鱼是一种典型的无胃杂食性鲤科鱼类，对食物没有偏爱，只要适口，各种食物均可利用。鲫鱼的主要摄食器官是咽喉齿及与其相对存在的角质垫，摄食方式主要为吞食。饲料经过鲫鱼牙齿、咽喉齿和咽齿的撕咬及磨碎后，经咽喉到达消化吸收器官后，都成为食糜状无颗粒状饲料。许多学者将异育银鲫作为鲤科无胃鱼类营养学和消化生理学研究的模式动物。消化系统的形成、发育和不断完善，是鱼体从外界摄取营养物质满足生长需求的基础。鲫鱼消化道的特点，决定鲫鱼可以从周围环境中不断摄食。

鱼类主要通过鳃和皮肤与外界接触，环境因素如水温、溶解氧、氨氮、亚硝酸盐、pH、污染物含量以及盐度等都会影响鱼类的生理或行为，是影响鱼类代谢的重要因素（Priede，1985）。此外，疾病的发生是水产养殖业发展中另一个重要的限制因素。鱼体处于不利的生长环境下，摄食可能会受到影响，投喂水平以及投喂方式也应随之改变。

准确、适宜的饲料投饲量是水产养殖业的关键因子之一，也是养殖技术中最重要的一环，是降低饲料系数的关键因素。投饲量不足，鱼处于半饥饿状态，不能满足鱼类能量和营养需要，鱼类生长发育缓慢，甚至不能维持体重而减产，严重影响水产养殖效益；投饲量过大，不但饲料利用率低，造成饲料浪费，加大残饵对养殖水体的再次污染，而且病害增多，养殖效益大幅下降。

目前，在利用配合饲料进行高投入、高产出的鲫鱼集约化水产养殖中，水产饲料投喂量的确定基本是依据养殖户的经验而定，也随着不同养殖条件而有所变化。

（一）定时定量投喂

参照江苏省地方标准《鲫鱼养殖技术规范》（DB32/T 1397—2009），常用的鲫鱼养殖饲料投喂方法如下：

（1）定时 精饲料日投喂2次，时间分别为8：00—9：00和15：00—16：00。

（2）定位 精饲料应投在饲料台上，夏花鱼种放养后，定位驯化，先在食台周围投喂，然后逐渐缩小范围，引导鱼都在食台上摄食，每个饲料台面积为1～2米²，每5 000尾左右鱼种架设1台。

（3）定质 精饲料不得霉烂变质，应按各种鱼类营养需要配制

成颗粒饲料，并符合国家和行业标准规定。

（4）定量　投饲应做到适量均匀，精饲料以每次投喂后1～2小时吃完为佳，并根据天气、气温、鱼类活动、摄食情况及时进行调整。

（二）不同水温下投喂

研究表明，鲫鱼在水温 24～28℃ 时生长最快，高温（32℃）和低温（16℃）时摄食率和特定生长率均下降，饲料效率在高温时显著降低。同时，水温还影响鱼体的生理生化过程，高温和低温时，肠道脂肪酶、蛋白酶活力均下降。在低温时期的投喂量，可调整至适温期正常投喂量的 50%～60%。当水温由低温向适温或高温向低温转变时，应少量多次地增加投喂量，等水温稳定 3～5 天后，再增加至正常投喂量。不同水温下，鲫鱼投喂量建议如表 3-10 所示。

表 3-10　不同水温下异育银鲫（18 克/尾）投喂量

温度（℃）	日投喂量/体重（%）
16	2.3
20	3.4
24	4.2
28	4.4
32	3.4

（三）低氧下投喂

自然界中，鱼类需要同时进行摄食消化和游泳活动，这种能力对于其生存和环境适应具有重要的意义。水环境中溶解氧容易缺乏，且在时间、空间维度的变化大，鱼类的摄食消化与游泳活动在低氧条件下都会受到一定限度的抑制。鲫鱼适应能力极强，其消化能力相对较弱，是低氧耐受能力最强的鱼类之一。张伟（2012）等研究发现，当溶解氧水平由 8 毫克/升下降至 1 毫克/升时，正常摄食的鲫鱼其运动能力和消化能力下降约 30%，甚至更低。因此，在低氧水平下的鲫鱼摄食与消化能力会降低，建议在低氧条件下减少甚至停止投喂，等溶解氧恢复到正常水平再恢复正常投喂量。

（四）高氨氮环境下投喂

氨和尿素是硬骨鱼类排泄的两大类含氮产物，大多数硬骨鱼类对氨高度敏感。在水体中氨以离子 NH_4^+ 以及非离子 NH_3 两种形式存在。在高密度养殖系统中，循环水中的氨浓度会不断增加，从而限制鱼的生长，严重时可导致死亡。在鲫鱼中的研究表明，一周时间的高氨氮水平环境使鲫鱼摄食量出现下降的趋势。因此，在高氨氮的环境下需要降低投喂量，具体的鲫鱼投喂量建议如表 3-11 所示。

表 3-11　不同氨氮水平下异育银鲫（127 克/尾）的投喂量

氨氮水平（毫克/升）	日投喂量/体重（%）
0	4.2
0.3	4.0
0.6	4.0
1.2	3.7
2	3.5

（五）发病期投喂

众所周知，很多疾病都会降低被感染动物的食欲。造成食欲降低的原因，一方面可能是疾病对机体造成一般性损伤、消化系统功能减退或代谢程度降低等；另一方面，减少摄食可能是鱼体分配能量和其他资源用于自身对病原菌的防御。过量投喂会增加鱼类肝脏负荷，使其抗病力下降。疾病对鱼体食欲的影响程度，与鱼的种类以及疾病的种类有关。Damsgård 等（2004）发现，大麻哈鱼感染

弧菌后 2～3 周摄食量急剧减少，4 周后才恢复到正常摄食水平。因此，建议在鲫鱼发病期将投喂量降低至 30%～50%，等鱼体逐渐恢复健康时再缓慢增大投喂量，直至正常水平。

（六）上市前投喂

鱼体消化道中含有多种分泌消化酶的细菌，可引起腹部异味，上市前的禁食处理可使肠道排空，降低消化酶的活性，从而能够提高鱼肉的品质，增加储藏时间。在国外也采取上市前减少投喂量的做法，以降低鱼体肥满度和脂肪含量，同时，改善肌肉质地。上市前限喂或禁食处理，可节约饲料、降低成本、提高水产品品质，是一种经济的方式。李海燕（2014）等在鲫鱼中的研究发现，上市前一个月按饱食水平的 60% 投喂和 80% 投喂不影响鲫鱼生长，饥饿组和饱食水平的 40% 投喂组的生长和饲料转化效率明显降低。禁食显著减少了内脏、腹肌和背肌脂肪含量。禁食一个月会显著增加背肌硬度，可能与蛋白溶解度和 pH 改变以及脂肪含量减少有关（Ginés et al.，2002）。限喂对鱼体生长的影响，取决于鱼的种类、规格、限喂的程度和持续时间以及营养史。在池塘养殖环境中，建议在鲫鱼上市前一个月进行适度限喂（按饱食水平的 60%～80% 投喂）。

第四节 鲫鱼病害防控技术

鲫鱼具有耐低氧、耐低温和抗病能力强的优点，在正常的管理下，一般很少发病。但是近年来由于养殖密度较大、不合理的放养模式、不合理的饲料配比、水质恶化以及品种退化等原因，鲫鱼养殖遭遇了病害的侵袭（张学师等，2011；谢小平等，2014）。鲫鱼病害一般是由生物病原和非生物因素引起。由生物病原引起的鱼病有病毒、细菌、真菌和藻类感染导致的传染性鱼病和由各种寄生虫引起的侵袭性鱼病；而非生物因素病害则是由其他敌害生物或机械、物理、化学等作用引起的（徐亚丽等，2009）。

一、病毒病

鲫鱼病毒性疾病最有代表性的就是鲫造血器官坏死症，也称为鲫鱼病毒性出血病。

【病名】鲫造血器官坏死症（彩图9）。

【流行情况】该病流行时间长，4—10月均有暴发，5月和8—9月为发病高峰期。流行温度从15℃持续到33℃，24～28℃最为严重。宿主范围主要为金鱼、银鲫及杂交变种（异育银鲫等），而对建鲤、罗非鱼、草鱼、鲢鱼、乌鳢等无致病性。实验室人工感染实验结果表明，异育银鲫水花、夏花、秋片、大规格鱼种以及成鱼均对该病原敏感，死亡率高达90%以上。病毒以水平及垂直方式传播，能在鱼体内长期潜伏感染，待条件适宜时大量复制增殖，引起疾病暴发，导致宿主死亡。

【病症】患病鲫鱼鱼体发黑，于下风口处缓慢游动。患病鱼体表以广泛性出血或充血为主要症状，尤其以鳃盖部、下颌部、前胸部和腹部最为严重。患病鱼鳃丝肿胀，鲜红色，黏液较少。将患病濒死鲫鱼捞出水面后，其因跳跃可导致鳃血管破裂而大出血。病鱼解剖后，可见有淡黄色或者红色腹水，肝、脾、肾等器官肿大，并有不同程度的出血，鳔壁出现斑块状出血。

【病因】由鲤疱疹病毒2型（Cyprinid herpesvirus 2，CyHV-2）感染引起。它属于异样疱疹病毒科鲤疱疹病毒属成员，与鲤痘疮病毒（CyHV-1）以及锦鲤疱疹病毒（Koi herpesvirus，KHV，又称鲤疱疹病毒Ⅲ型，CyHV-3）同属鲤疱疹病毒属（*Cyprinivirus*）。

【防治方法】针对鲫造血器官坏死症的病原特性、流行病学特征与发病原因，应该做好以下防治工作：

（1）亲鱼、鱼种检疫　鱼种场应定期对亲鱼进行检疫，杜绝亲鱼带毒繁殖。养殖户在购买鱼种时，也可对其进行检疫，避免购买到携带病毒的鱼种。

（2）疫苗免疫预防技术　疫苗免疫是预防病毒病最有效的方法。目前，国家大宗淡水鱼类产业技术体系研究团队已研制出CyHV-2细胞培养灭活疫苗，可应用该疫苗对鲫鱼苗种进行浸泡或注射免疫，可有效预防病毒病的发生。

（3）水质调控　有针对性地进行水质、底质改良，消除或降低有害因子，保持健康的水环境，减少鱼类的应激。使用光合细菌、芽孢杆菌、反硝化细菌等微生态制剂以及底质改良剂，对于控制养殖水环境的稳定有显著作用。另外，保持一定的水深，保证较高的透明度，适当增加水体的自循环和外循环，也对养殖水环境的健康有利。

（4）定期投喂天然植物抗病毒药物　天然植物抗病毒药物除了对病毒的复制有直接的抑制作用以外，还能调节鱼体的免疫力，增强其对病原生物感染的抵抗力，而且对鱼体没有明显的毒副作用。天然植物抗病毒药物包括黄芪、大青叶、板蓝根等多种中药材，可将其超微粉碎后拌入饵料或与饲料，加工制成颗粒，在发病季节前进行预防，在疾病发生过程中进行治疗。抗病毒天然植物药物的使用剂量一般为每千克鱼体重 0.5～1.0 克，连续投喂 5～6 天即可。

（5）外用药物　碘制剂已经被证实是杀灭病毒病原最为有效的药物之一，并且碘制剂性温和，刺激性小，对养殖环境、水体以及鱼体影响小。池塘泼洒氨基酸碘浓度为每立方米水体 0.03 毫升，可以连续泼洒 2～3 次，隔天 1 次。

（6）改善鱼体代谢环境与健康水平　在鲫鱼饲料中适量添加多种维生素预混料、免疫多糖制剂以及肠道微生态制剂等，可明显改善鱼体的代谢环境，提高鱼体健康水平和抗应激能力。

（7）养殖环境卫生健康管理　对所有因患鲫造血器官坏死症而死亡的鲫鱼，应采用深埋、集中消毒、焚烧等无公害化处理，避免病原进一步传播。对所有涉及疫病池塘水体、患病鱼体的操作工具，应采用高浓度的高锰酸钾、碘制剂消毒处理。切忌将患病池塘水体排入进水沟渠。

二、细菌病

（一）暴发性出血病

【病名别称】细菌性败血症、溶血性腹水病、出血性腹水病、出血性疾病（彩图 10）。

【流行情况】该病发病率、死亡率高，流行范围广，遍及全国。发病季节一般为 4—11 月；发病高峰季节为 6—9 月，水温 22～32℃时为发病高峰期。

【病症】鱼体各器官组织出现不同程度的出血或充血。主要有：①擦伤或寄生虫引起出血的病鱼，主要是口腔、头部、眼眶、口腔颊部和下颌充血发红，鳃盖表皮和鳍条基部（尤其胸鳍的基部）充血，鳃有淤血或苍白色，镜检能见到有指环虫等寄生；②肠炎引起的病鱼，肛门红肿，腹部膨胀，腹腔内有淡黄色或红色混浊腹水，轻压腹部肛门有淡黄色黏液流出，肠道部分或全部充血发红，呈空泡状，很少有食物，肠有轻度炎症或积水，肝组织易碎呈糊状，或呈粉红色水肿状，有时脾脏有淤血呈紫黑色，胆囊呈棕褐色，胆汁清淡。

【病因】主要由嗜水气单胞菌、温和气单胞菌等细菌感染引起。该病多发生在塘底淤泥普遍较厚、放养密度较大的水体中，投饵较多、水质过肥，导致池水透明度较小，加上气候变化异常，又不及时采取换水增氧和使用有益微生物制剂调控水质，易造成病原体大量滋生，引起鲫鱼及其他混养鱼类发生大批死亡。

【防治方法】

（1）鱼种入池前要用生石灰彻底清塘消毒，池底淤泥过深时应及时清除。

（2）鱼种用疫苗药浴，在 100 千克水体中加 1 千克疫苗、0.1～0.15 克莨菪碱和 1%食盐，浸泡鱼种 5～10 分钟。

（3）经常全池泼洒光合细菌，每立方米水体 0.3～0.5 克或 EM 菌 0.2 克，以改善池塘水质，消除氨氮、亚硝酸盐、硫化氢等，净化水质。

（4）使用戊二醛、苯扎溴铵溶液（水产用），每立方米水体 0.007 5 克（以戊二醛计），兑水全池泼洒，过 15 天再使用 1 次。

（5）发病鱼池必须采取内外相结合的综合治疗方法。发病后，镜检发现有寄生虫寄生，首先全池泼洒杀虫剂杀灭寄生虫；其次在 24:00 左右用过碳酸钠为主要成分的片状增氧剂，每立方米水体 0.6～0.8 克，全池泼洒；第 2 天用溴氯海因，每立方米水体 0.4～0.5 克（或苯扎溴铵每立方米水体 0.1～0.15 克），进行全池泼洒，病重时可隔日再使用 1 次，疗效明显。同时，每千克饲料中添加氟苯尼考 1 克或恩诺沙星 1.5 克制成药饵，每天投喂 1 次，连续 7～10 天为一个疗程；由肠炎引起的出血病，首先投喂按每千克饲料中添加氟苯尼考 1 克或恩诺沙星 1.5 克制成的药饵 2 天后，再用溴氯海因，每立方米水体 0.4～0.5 克，全池泼洒消毒后，继续使用药饵投喂 5～7 天。

（6）消毒 3 天后，最好使用微生态制剂调节以稳定水质。待病情控制住以后，要增加内服药的投喂时间，要逐渐停药，不要立即停药。

（二）红鳃病

【病名别称】大红鳃（彩图 11）。

【流行情况】发病季节为 4 月中下旬至 6 月中上旬，主要发生在梅雨季节。此时的水温为 22～26℃，当水温高于 26℃时，此类病害会立即好转。

【病症】鲫鱼一旦发生该病，有以下的特征：鱼体发黑，体质变弱，会在池塘的四周漫游，尤其是池塘的下风或背风处。病鱼鳃丝发红，如西瓜的红瓤，捞出后放入带水的盆中，会见到鳃丝恢复为原色，后期变为白色。病鱼腹部肿大，挤压后无液体流出；解剖后可见腹腔中有透明的腹水，腹水流出腹腔后会凝固成果冻状的胶体，肠道内无食物。

【病因】引起大红鳃的病因很多，具体病因不明。

【防治方法】①稳定水质，使用"粒粒氧"增加池塘的溶解氧；②第1天内服复方新诺明，按每千克饲料1~1.5克，以后第2~5天量减半使用；③采用微生态制剂调控水体，使用加酶益生素（按每千克饲料1.5~2克）等有益微生物制剂改善鱼肠道环境、增强鱼体体质，提高机体的抗应激能力。

但需要注意以下两点：①在发病的池塘尽量不要加排换水，不使用刺激性较强的消毒剂消毒；②先确定是由寄生虫还是真菌引起，才能有针对性地采取措施进行治疗。

（三）细菌性烂鳃病

【病名别称】乌头瘟（彩图12）。

【流行情况】本病常年可见，全国各养殖区都有流行。每年4—10月为流行季节，以7—9月最为严重。水温20℃以上时开始流行，28~35℃是流行最严重的温度。常与肠炎、赤皮并发呈并发症，死亡率高。

【病症】病鱼在池中离群独游，行动缓慢，反应迟钝，呼吸困难，食欲减退；肉眼检查，可见病鱼鱼体发黑，特别是头部。鳃丝上黏液分泌亢进；鳃丝肿胀、点状充血呈"花鳃"，坏死、腐烂；软骨外露，鳃瓣边缘黏附大量污泥。病鱼鳃盖内表面充血、出血，中间腐蚀形成1个圆形或不规则椭圆形的透明小窗，俗称"开天窗"。病鱼最终因病理性缺氧死亡。

【病因】主要由柱状黄杆菌（柱状屈挠杆菌）直接感染引起。柱状黄杆菌为条件致病菌，在水体中和鱼体表广泛存在。在水质较好、鱼体无损伤的条件下，鱼不容易发病。一旦水质变差，导致鱼体抵抗力下降，细菌性烂鳃的发病率会大大提高。该菌主要是通过鳃和受伤的体表进入鱼体内。

【防治方法】

（1）用生石灰或者二氧化氯，定期对水体进行消毒。

（2）及时改善底质，降低池塘底部的有害病菌，消除氧债；也可用芽孢杆菌、乳酸菌等益生菌，促进水体中有机质的分解，降低有机质含量，减少水体中的氨氮和亚硝酸盐。

（3）平均每亩水面（1米水深）用二溴海因或二氧化氯200克，化水全池泼洒。或者全池泼洒苯扎溴铵溶液，平均每亩水面（1米水深）用200～300克。每天1次，连用2天。

（四）竖鳞病

【病名别称】鳞立病、松鳞病、松球病。

【流行情况】该病在我国东北、华中、华东养鱼区常有发生，从较大的鱼种到亲鱼均可受害，一般以4月下旬到7月上旬为主要流行季节，此时水温17～22℃；死亡率一般在50%以上，发病严重的鱼池，甚至可达到100%的死亡率。

【病症】在疾病早期鱼体发黑，体表粗糙，部分鳞片向外张开像松球，鳞囊内积有半透明或含有血的渗出液，致使鳞片竖立，用手指轻压鳞片，可见渗出液从鳞片下喷射出来，鳞片随之脱落，有时伴有鳍基充血，皮肤轻微发炎，脱鳞处形成红色溃疡（彩图13）；病鱼眼球突出，鳃盖内表皮充血，腹部膨胀，腹腔常积有大量腹水；病鱼出现贫血，鳃、肝、脾、肾的颜色变淡；病鱼离群独游，游动缓慢，呼吸困难，继而腹部向上，2～3天后死亡。

【病因】主要是水型点状假单胞菌感染引起。该病原菌是条件致病菌，发病与鱼体受伤、池水污浊及鱼体抗病力降低有关。

【防治方法】

（1）在养殖过程中防止鱼体受伤，定期泼洒含氯消毒剂。

（2）用2%～3%的食盐水浸浴病鱼5～10分钟，或用浸泡后的苦参水浸浴20～30分钟，连续4～5天。

（3）每亩用5千克艾蒿根捣烂加生石灰1.5千克，全池泼洒。

（4）用聚维酮碘溶液（水产用），每立方米水体4.5～7.5毫克（以有效碘计），全池泼洒。

三、真菌病

鲫鱼真菌病一般为水霉病，是鲫鱼养殖过程中最为常见的。

【病名别称】肤霉病、白毛病。

【流行情况】此病流行于 3—5 月，水温一般在 10～20℃。发病期多在鱼苗下池后 10～20 天和秋末鱼种出池前。

【病症】患病初期，病鱼体表黏液增多，形成一层白翳。患病后期，菌丝深入体表皮肤，死亡率很高（彩图 14）。

【病因】鱼体受伤后水霉侵入伤口，向外生长出长毛菌丝而致。越冬鱼池放养密度过高，鱼类极易患水霉病。

【防治方法】

（1）鱼种放养前，用生石灰对池塘进行清塘、消毒。每亩池塘（1 米水深）用生石灰 120 千克，化水后全池匀洒，减小此病发生的概率。

（2）鱼种放养尽可能避开低温天气，以免鱼体冻伤。在捕捞、运输和放养的过程中，操作要轻快，尽量避免鱼体受机械损伤。

（3）发病鱼池用 0.04％食盐和 0.04％小苏打合剂，全池泼洒。

（4）鱼卵可用 4％的甲醛溶液浸洗 2～3 分钟。

（5）按每立方米水体使用戊二醛、苯扎溴铵溶液（水产用）0.007 5 克（以戊二醛计），兑水全池泼洒；病重时，隔日重复 1 次。

四、寄生虫病

（一）黏孢子虫病

【病名别称】无。

【流行情况】鲫鱼黏孢子虫病在全国各地的池塘、湖泊、河流中都较为常见，主要危害鲫鱼当年鱼种和 1 龄鱼种。常流行于每年的 4—10 月，尤以 6—8 月最为严重。该病传播快、死亡率高，发病池塘感染率一般为 30%～80%，死亡率一般为 20%左右，损失巨大。

【病症】黏孢子虫可以寄生在鱼鳃、皮肤、肌肉、肝、心脏等组织器官上。病鱼体色发黑，鱼体瘦弱，觅食能力差，浮于近水面处，游动缓慢。黏孢子虫经常寄生于鳃部，可见白色包囊，压破包囊后在显微镜下观察，可见许多瓜子状的孢子［彩图 15（A）］，常引起病鱼黏液增多，鳃丝腐烂和肿胀；有的寄生于脑咽部，解剖寄生部位可见白色脓状物，病鱼通常瘦弱，头偏大，鳃盖略张开，眼外突，体色发黑，咽腔上颌充血、肿胀呈瘤状，堵塞咽腔和压迫鳃弓，甚至包囊会撑破咽腔上壁，如喉孢子虫病［彩图 15（B）］；有的寄生于鱼鳞下则形成包囊，由于包囊逐渐增大，病鱼鳞片被包囊顶起，形成椭圆形凸起，如肤孢虫病［彩图 15（C）］；有的寄生于肝胰脏，患病的鱼厌食，昏睡，身体消瘦，游动缓慢，直至慢慢死亡，病鱼腹部膨大，肝胰脏显著增大，呈乳白色，鱼死亡后，肝胰脏溶解，如腹孢子虫病［彩图 15（D）］。

【病因】不同的黏孢子虫寄生部位不同，引起的病症也不一样。引起喉孢子虫病的是洪湖碘泡虫，引起肤孢虫病的是武汉单极虫，引起腹孢子虫病的是吴李碘泡虫。

【防治方法】

（1）清塘时挖去过多的淤泥，再用生石灰彻底消毒，杀灭池塘中冬眠的包囊，以及黏孢子虫的中间宿主水蚯蚓。

（2）做好苗种的检疫工作，不能从黏孢子虫高发区引进鱼种。鱼种放养前用高锰酸钾或敌百虫和硫酸铜合剂浸洗，杀灭孢子，防止随鱼种带入养殖池塘。

（3）及时处理病死鱼，患有黏孢子虫病的死鱼，要及时从池塘中捞出埋掉，以避免病死鱼体表的虫体孢子散落池水中，被其他鱼体接触或吞食而感染。同时，对接触过患病鱼的工具，需用浓石灰水或 0.5 克/米^3 的晶体敌百虫与 0.5 克/米^3 的硫酸铜混合溶液浸泡，以防再度感染。

（4）投喂优质饵料，加强管理，增强鱼体抗病力。目前，尚无专门治疗的理想药物，在发病前黏孢子虫处于营养期时，采用0.5克/米³的晶体敌百虫（含90％），全池均匀泼洒，能有效预防此病。

（二）车轮虫病

【病名别称】无。

【流行情况】发病季节为4—7月，发病高峰为5—7月。一般在水温超过20℃时发病。

【病症】在体表和鳃有少量车轮虫寄生时，没有明显症状，投喂时鱼群在饲料台前做圆周运动；大量寄生时，体表和鳃的黏液增多，体表有时有一层白翳；鱼苗、鱼种游动缓慢，因呼吸困难而死，一般无特殊症状。

【病因】车轮虫外形侧面观呈帽形或碟形，反口面观为圆盘形。内部结构主要是由许多个齿体逐个嵌接而成的齿轮状结构——齿环［彩图16（A）、彩图16（B）］，因而有车轮虫之称。还有辐线，一个马蹄形大核和一棒状小核。

【防治方法】

（1）用2.5％～3.5％的盐水浸浴5～10分钟，然后转到流水池中饲养，病情可以好转而痊愈。

（2）用0.7克/米³的硫酸铜和硫酸亚铁（5∶2）合剂全池泼洒。

（三）小瓜虫病

【病名别称】白点病（彩图17）。

【流行情况】小瓜虫病的流行范围相当广泛，在我国几乎所有的鱼类养殖区都有可能发生和流行。对鱼的种类和年龄没有选择性，但主要危害鱼的苗种。小瓜虫病的主要流行温度为15～25℃，28℃以上时小瓜虫易死亡，15℃以下时其增殖较缓慢。只要温度适合，任何季节都可发生流行。小瓜虫的生活史中无需中间宿主，靠包囊及其幼虫传播。在养殖密度高的情况下，更易发生此病。

【病症】 由于虫体的寄生，常刺激鱼体在池底和池壁上蹭擦，有时在水面做短时的翻肚运动。发病后期，病鱼常游动缓慢，出现窒息，聚集在流水的四周，通常不吃食。肉眼直接观察病鱼，可见体表和鳍条有许多小白点，严重时体表似覆盖一层白色薄膜，鳞片脱落，鳍条裂开、腐烂，体表和鳃部的黏液增多。

【病因】 小瓜虫成虫期虫体为卵圆形，直径 0.3～0.8 毫米，体表分布均匀的纤毛；胞口位于体前端，体中部有 1 个马蹄形或香肠状的大核，小核球状，紧贴于大核之上。大量感染小瓜虫常引起鳃和体表分泌大量黏液，影响鱼的呼吸，甚至窒息死亡。小瓜虫在受到药物刺激后，会脱落在池底形成包囊，进行分裂增殖，包囊破裂后，释放出大量的掠食体，引起更严重的感染。

【防治方法】

（1）实验室条件下，可用 2.5%～3.5% 的盐水浸浴，或 2～5 毫克/升硝酸亚汞浸浴，然后将鱼转入干净的养殖系统。

（2）该病暂无有效的治疗方法；用青蒿素拌饵投喂有一定的效果。

（四）指环虫病

【病名别称】 无。

【流行情况】 此病在冬末、春初开始感染，流行于春末、夏初（4—9 月）。水温 20～25℃时流行。1 龄左右的鱼，每片鳃上寄生 50～100 个虫体即可造成死亡。

【病症】 寄生指环虫时，病鱼鱼体色黑，十分消瘦，食欲不振，游动呆滞，鳃丝黏液增多，鳃瓣呈灰白色，鱼鳃水肿，鳃盖难以闭合。翻开鳃盖，可见鳃片边沿发白腐烂，鳃上有白色不规则的小片状物，并有蠕动感，重者鳃片上可见大小不等的灰白色腐烂斑块；此病需在显微镜下确诊，镜检可见虫体。取鳃片铺展于白瓷盘中加清水静置，仔细观察可见微透明的白色虫体伸缩蠕动（彩图 18）。

【病因】 主要由指环虫寄生于鱼的鳃部引起。寄生于鲫鱼的指环虫种类较多，有坏鳃指环虫、中型指环虫、美丽指环虫、弓茎指环虫、弧形指环虫等。指环虫依靠固着器上的锚钩和边缘小钩固定在鱼鳃上，刺激鱼鳃分泌大量黏液，影响鱼体呼吸。同时，锚钩可造成机械损伤，引起细菌、病毒的继发性感染。指环虫可持续产卵，几天内即可孵化出具有感染性的纤毛幼虫，因此，指环虫在短时间内可大量增殖，迅速传播。另外，指环虫在受到药物等刺激后，会发生应激性产卵，即在短时间内排出较多的卵，需要进行二次用药；而且在20℃水温下，虫卵从孵化到性成熟（产卵）需要8~10天，因此第二次用药最好在第一次用药后的第5~7天。

【防治方法】

（1）鱼种放养前，用20克/米³的高锰酸钾液浸洗15~30分钟，以驱杀鱼体上的指环虫。

（2）水温20~30℃时，按0.2~0.3克/米³全池遍洒90%晶体敌百虫，与面碱配合使用效果更好。

（3）按0.1~0.15克/米³全池泼洒甲苯咪唑溶液（水产用），也有较好的效果。

（4）按0.2~0.3毫克/米³全池泼洒阿维菌素。

（5）按14克/米³全池泼洒狼毒大戟乙酸乙酯提取物。

注意：杀虫后，使用恩诺沙星等药物配制药饵投喂，连喂3~5天，以防继发细菌性烂鳃病，可取得较好的疗效。

（五）锚头鳋病

【病名别称】针虫病、蓑衣病。

【流行情况】对各龄鲫鱼都可造成危害，尤以鱼种受害最大，有4~5只虫体寄生即可引起死亡。锚头鳋在水温18℃左右时4~5天就可繁殖，20℃时只需3天。主要流行于春、秋季，发病季节在4—10月，具有较高的感染率。

【病症】重症患病鲫鱼表现出浮水慢游（乏力）、色泽淡白，鱼体腹部、背脊两侧（细鳞部位）可见针状虫体寄生；锚头鳋寄生在鲫鱼鳞片处，引起周围组织红肿发炎，形成石榴籽般红斑，病灶部位鳞片松动或脱落，黏液增多，少数形成明显的溃疡。由于虫体前端钻在寄主组织内，后半段露出体外，鱼体好似披着蓑衣（彩图19）。

【病因】鲫鱼锚头鳋病由锚头鳋寄生引起，病原为鲤锚头鳋。在锚头鳋的寄生过程中，分为幼虫、童虫、壮虫和老虫四个时期。幼虫是生活在水中的无节幼体和桡足幼体；童虫是指寄生鱼体的第5桡足幼体，各胸节伸长，头胸部开始出现分角，虫体如白色细毛；壮虫的头胸部分角明显，身体透明，后部常有1对绿色的卵囊；老虫期的锚头鳋身体混浊、变软，体表常着生许多藻类或原生动物。

【防治方法】

（1）用生石灰彻底清塘消毒，杀灭虫卵、幼虫和带虫者。

（2）用 10~30 克/米³ 的高锰酸钾浸泡病鱼 30~60 分钟，可杀死锚头鳋成虫。

（3）按 0.3~0.7 克/米³ 全池泼洒 90% 晶体敌百虫，下药次数根据虫体的4个时期而定。幼虫和童虫期可以在半个月内连续用药2次，壮虫期只需用药1次，老虫期则可以不用药。

（4）按 0.2~0.3 毫克/米³ 全池泼洒阿维菌素。

第五节　鲫鱼养殖尾水生态处理技术

我国水产养殖规模逐渐扩大，逐渐由传统的池塘养殖转向集约化、高密度养殖模式，导致养殖尾水排放量增加，大大增加了水环境的压力，因此，池塘尾水达标排放和循环利用是未来水产发展的趋势。研究一种结合养殖尾水生态处理技术的零污染或营养物质零排放的生态养殖模式，对推进水产养殖业可持续发展具有重要意义（汪文忠等，2017；沈建筑等，2019）。人工湿地处理技术、藻菌处理技术以及土地渗滤系统处理技术等是近年来发展起来的水处理技术，已经逐渐在水产养殖尾水处理中得到应用。

一、人工湿地处理技术

人工湿地是一个综合的生态系统，它应用生态系统中物种共生、物质循环再生原理，结构与功能协调原则，在促进废水中污染物质良性循环的前提下，充分发挥资源的生产潜力，防止环境的再污染，获得污水处理与资源化的最佳效益。人工湿地的植物还能够为水体输送氧气，增加水体的活性。湿地植物在控制水质污染、降解有害物质上也起到了重要的作用。该技术于 20 世纪 70 年代发展起来并应用于污水处理，随着以优质、高效、生态、安全为特征的节约型、环境友好型的现代渔业快速兴起，人工湿地系统已经开始应用到养殖尾水的净化处理中。研究表明，人工湿地能有效去除水产养殖系统中的总悬浮物（TSS）、有机物、氮（N）、磷（P）、重金属等物质（朱晓荣等，2012；程果锋等，2018）。

在美国，Costa-Pierce（1998）将水产养殖和湿地生态系统结合起来，利用三级处理后的城市污水，再经人工湿地处理后进行水产养殖。结果表明，水体中氨氮浓度小于 0.4 毫克/升，连续 8 个月的试验结束后，鱼的生物量从养殖初期的 0.16～0.21 千克/米³ 增加到收获期的 1.50～2.00 千克/米³，该试验为处理后的城市污水利用提供了一条途径。Summerfelt 等（2014）通过构建湿地系统处理浓缩后的养殖固体物质，固体物质填充率达到 1.35 厘米/天，试验周期为 3 个月。结果表明，垂直流湿地和表面流湿地处理总悬浮物（TSS）能力分别达到98%和96%，处理凯氏氮（TKN）均达到82%～93%。在中国台湾，林莹峰等（2006）为有效防止养殖废水中过高的营养盐造成接受水体发生富营养化，同时为实现废水回用的目的，设计了一套表面流和潜流串联的人工湿地系统。运行结果表明，氮的去除在系统建成 30 天后即出现明显效果，在连续 7 个月的运行过程中，氨氮的去除率达到86%～98%，总无机氮的去除率达到 95%～98%，出水的氨氮浓度小于 0.3 毫克/升，亚硝酸盐浓度小于 0.01 毫克/升，完全满足养殖用水的要求。

此外，David 等（2012）将人工湿地当作生物过滤器用于大规模对虾养殖，占地 7.7 公顷的湿地系统，每天处理来自 8.1 公顷高密度养虾池排出的 13 600 米³ 废水。结果表明，该系统能有效降低总磷、总悬浮物以及无机悬浮物的浓度，在循环运行期间，能维持养殖水体中较低的有机物、总氮和硝酸盐。李谷等（2004）通过构建复合养殖-人工湿地生态系统，开展了将人工湿地用于水产养殖废水处理与回用的研究。他们认为，湿地系统对氮去除的机制在于基质吸附、沉淀、氨挥发、植物吸收和湿地中微生物转化等多方面的综合作用。其中，硝化和反硝化作用在氮的去除中起着重要作用。这是因为适宜的基质中存在着大量的硝化和反硝化细菌，湿地中植物根际的输氧造成根际区含氧，而非根际区经常处于厌氧状态，因而有利于硝化和反硝化反应的进行。

从生态学角度考虑，人工湿地特别适用于一个水产养殖系统单元间和内部的生物修复。一个很重要的特征是，湿地系统的多样性几乎能够适应于任何应用场景。人工湿地的生物-生态综合处理系统如果设计得当，完全可以达到恢复生态系统平衡的目的。不仅如此，这一技术还可实现水产养殖废水的综合利用与无污染排放，这对于减轻水污染和防止生态环境的恶化具有重要的意义。从费用上讲，人工湿地无论是建设还是维护，相对于工厂化水处理要便宜得多。澳大利亚湿地公司进行的一项研究发现，人工湿地的一个生命周期只需要花费传统生物技术 10％ 的费用，因此，加强这方面的研究尤为重要。

我国高密度水产养殖普遍存在大量饲料投入、大量用药和大量换水的现象，已经出现水环境污染负荷日益加重、环境恶化导致病害频繁发生和养殖产品质量下降等问题，带来了巨大的经济损失。利用生态修复技术处理水产养殖废水已经得到了广泛的认可，与传统的物理修复和化学修复相比，生物修复具有费用低、耗时短、净化彻底、不易产生二次污染、不危害养殖功能、不破坏生态平衡等诸多优点。应用较多的实用处理技术有稳定塘处理技术、人工湿地处理技术。

（一）稳定塘处理技术

稳定塘是一种经过人工修整而设有围堤和防渗层的池塘，它主要利用水生生物系统，依靠自然生物净化功能使污水得到净化，是迅速推广污水处理工艺、实施污水资源化利用的有效方法，因而稳定塘处理技术成为我国近年来在水产养殖水处理领域被大力推广的一项新技术。

1. 适用条件

稳定塘处理系统具有基建投资省、运行费用低、管理维护方便、运行稳定可靠等诸多优点；不足之处是占地面积大、净化效果受气温等自然因素影响。如小城镇附近有可利用的天然养鱼塘、天然废塘等条件，可考虑采用该处理系统。

2. 工艺特点及功能

（1）高效藻类塘 高效藻类塘不同于传统稳定塘的特征，主要表现在：①较浅的塘深度，一般为 0.3～0.6 米，而传统的稳定塘根据其类型不同，塘内深度一般在 0.5～2 米，有一垂直于塘内廊道的连续搅拌装置；②较短的停留时间，比一般的稳定塘停留时间短 7～10 倍，宽度一般较窄。

高效藻类塘的这些特点，使得它比传统稳定塘运行成本更低、维护管理更简单，克服了传统稳定塘停留时间过长、占地面积大等缺点，在处理农村及小城镇污水方面具有广阔的应用前景。

（2）水生植物塘 利用高等水生植物，主要是水生维管束植物提高稳定塘处理效率，控制出水藻类，除去水中的有机毒物及微量重金属。研究表明，生长速度最快和改善水质效果最好的水生维管植物有水葫芦、水花生和宽叶香蒲。

（3）多级串联塘 将单塘改造成多级串联塘，其流态更接近于推流反应器的形式，从而减少了短流现象，提高了单位容积的处理效率。从微生物的生态结构看，由于不同的水质适合不同的微生物生长，串联稳定塘各级水质在递变过程中，会产生各自相适应的优势菌种，因而更有利于发挥各种微生物的净化作用。在设计多级串联塘时确定合适的串联级数，找到最佳的容积分配比特别重要。

（4）高级综合塘系统 高级综合塘系统由高级兼性塘、高负荷藻类塘、藻类沉淀塘和深度处理塘4种塘串联组成，每个塘都经过专门设计。高级综合塘系统与普通塘系统相比，具有水力负荷率和有机负荷率较大、水力停留时间较短、占地少、无不良气味等优点。

3. 工艺优缺点

目前，在处理农村、小城镇、水产养殖废水中稳定塘及其人工强化技术实用性强，应用也较广泛，与常规处理技术相比具有显著的优点。

（1）适合不同的处理规模，基建费用低。处理构筑物由各种天然塘系统经简单修建而成，没有复杂的机械设备，工程十分简易，整个系统的基建费用只有常规处理方法的1/2或1/3。

（2）出水水质稳定，回用领域广。稳定塘及其人工强化技术处理的出水一般可以达到二级排放标准，如果设计了脱氮除磷的功能，出水甚至可以达到一级排放标准。出水可以用于回灌农田、水产养殖或景观用水。

（3）运行费用低，系统基本不耗能。稳定塘系统依地势而建，污水可自流，不需要额外动力，因此，运行费用只有常规工艺的10%～50%。

（4）管理十分简单，维护容易。设计良好的稳定塘污水处理系统，几乎不需要管理和维护。

（5）无需污泥处理，可实现污水资源化。

传统的稳定塘也存在诸多缺点，包括有机负荷低、占地面积大、处理效果受气候条件影响大、悬浮藻类使出水COD较高等。随着稳定塘的逐步推广应用，发展了很多新型塘和组合塘工艺，进一步强化了稳定塘的优势，或者弥补了原有技术的不足。

（二）人工湿地处理技术

人工湿地是一种为处理污水而利用工程手段模拟自然湿地系

建造的构筑物，在构筑物的底部按一定的坡度填充填料（如碎石、沙子、泥炭等），在填料表层土壤中种植一些对污水处理效果良好、成活率高、生长周期长、美观以及具有经济价值的水生植物（如芦苇）。人工湿地的特点是出水水质好，具有较强的氮磷处理能力，运行维护方便，管理简单，投资及运行费用低。有关资料显示，人工湿地投资和运行费用仅占传统二级生化处理技术费用的 10％～50％，较适合于资金少、能源短缺和技术人才缺乏的中小城镇和乡村。

1. 适用条件

人工湿地主要通过生态处理系统内微生物和水生植物的协同作用实现污染物的去除，这就要求人工湿地所处环境适宜于微生物和水生植物的生长。对于北方寒冷地区，为保证冬季人工湿地仍具有较好的处理效率，通常需要更大的土地面积。因而在土地面积有限的区域，不适合采用人工湿地技术。一般情况下，人工湿地适宜于温暖地区和土地可利用面积广阔的区域，尤其适用于利用盐碱地或废弃河道进行工程设计。对于我国广大农村地区来说，占地面积较大的人工湿地污水处理工艺具有很好的应用前景。

2. 形式

按照工程设计和水体流态的差异，人工湿地污水处理系统分为表面流湿地、潜流湿地和垂直流湿地 3 种类型。

（1）表面流湿地　表面流湿地与自然湿地最为接近，其水流状态是污水以较慢速度在湿地表面漫流，类似于沼泽。绝大部分有机物的降解由位于植物水下茎秆上的生物膜来完成，湿地中的氧来源于水面扩散与植物根系传输。这种湿地具备投资少、操作简单、运行费用低等优点，但占地大、水力负荷小、净化能力有限，系统运行受气候影响大，不能充分利用填料及丰富的植物根系，夏季易滋生蚊蝇。因而，该类型湿地主要适用于水质较好的情况，可以用来实现污水的深度处理。

（2）潜流湿地　潜流湿地是目前较多采用的人工湿地类型。在潜流湿地系统中，污水在湿地床的内部流动。一方面可以充分利用填料表面生长的生物膜、丰富的根系及表层土和填料截流等的作用，以提高其处理效果和处理能力；另一方面由于水流在地表以下流动，具有保温性能好、处理效果受气候影响小、卫生条件好的特点。这种工艺利用了植物根系的输氧作用，对 BOD、COD 等有机物和重金属等去除效果好，但控制相对复杂，氮磷去除效果一般。

（3）垂直流湿地　垂直流湿地综合了地表流湿地和潜流湿地的水流特点，污水从湿地表面纵向流入填料床底。在这种湿地系统中，湿地床交替地被充满水和排干，在向床内充水的过程中空气被挤出，床的基底材料逐渐被淹没；当湿地床完全被水所饱和以后，水就全部被排出，在排水过程中新鲜的空气被带入床内，为污染物的去除提供氧源。该类型湿地适于处理氨氮含量高的污水，但处理有机物能力欠佳。湿地运行一段时间后，床体可能会被大量的生物所堵塞，限制了水和空气在床体内的流动，降低了处理效果。因此，设计中有必要考虑增设备用床交替运行，以便利用闲置期进行生物降解。

3. 工艺优缺点

农村地区的污水处理工艺应具备管理简单、运行费用低等特点，而人工湿地系统处理构筑物由各种天然生态系统经简单修建而成，没有复杂的机械设备，其最大的优势就在于简单性，适合不同的处理规模，基建费用低廉，易于运行维护与管理。

尽管人工湿地具有较多优点，但也存在很多不足。首先，人工湿地的占地面积远比传统处理工艺大得多，因此提高人工湿地的污水处理率是今后的一大难题；其次，季节因素的变化，如温度、降雨量等也限制了人工湿地的发展。

（三）池塘养殖尾水处理工艺

1. 养殖尾水人工湿地处理工艺流程

处理工艺主要包括生态沟渠→沉淀→过滤坝或人工湿地→曝气氧化→生态化处理等流程。

2. 养殖尾水主要设施

（1）生态沟渠　主要用于增加水体污染物的氧化和阻滞水体中的悬浮物，在养殖场原有排水沟渠内种植水生植物或悬挂毛刷等生物填料，同时可布设曝气盘。

（2）沉淀池　主要用于水体中悬浮物质的去除。沉淀池要求容量要大，池深在3米以上，面积为整个园区或养殖场面积的1/20～1/15。同时，应在整个沉淀池内布设毛刷等生物膜固着材料，密度每10～15厘米1支，挂在聚乙烯线绳或不锈钢丝上，方向与来水方向垂直。

（3）人工湿地　主要用于悬浮物过滤和氮磷等元素去除。可在水泥池内填充不同粒径的石子或磁珠等高分子材料；在表面种植挺水植物，如美人蕉、鸢尾、再力花等。配比面积不低于养殖水面的1/50。

（4）过滤坝　可采用2排空心砖结构搭建外部结构，间隔不少于2米，空心砖孔方向与水流方向保持一致。在2排空心砖内部填充陶瓷珠或火山石等多孔吸附介质，用于最大限度地处理有机污染物。在内部填充介质上，可结合景观效果种植部分植物。

（5）曝气池　增加水体中溶解氧，加快有机污染物氧化分解。在曝气池内铺设曝气盘或微孔曝气管。若利用河道来做曝气池，则应注意，若底泥较厚，应铺设地工膜作为隔绝层，防止底泥污染物的释放。

（6）生态处理池（景观处理池）　主要利用不同营养层次的水生生物最大限度地去除水体中的污染物，同时增加水体中的溶解氧。一般在生态处理池底部种植沉水植物（苦草、轮叶黑藻、伊乐藻等）、浮水植物（荷花、睡莲、鸡头米等），在四周种植挺水植物（茭白、美人蕉、鸢尾等），在中间布设增氧喷水设施。在生态处理池中可放养一定量的青虾、鲢鱼、鳙鱼、螺蛳等，利用其摄食将氮磷等营养元素转变为优质的水产品。

3. 尾水处理设施占比面积

尾水处理设施包括生态渠道、沉淀池、曝气池、过滤坝（或人工湿地）和生物净化池等，设施面积达到所要治理的养殖水面总面积的一定比例。一般情况下，尾水处理设施所占的面积为总养殖面积的 6%～10%。

二、藻菌处理技术

藻类和菌类是养殖水体环境中最重要的微生物，对水产养殖尾水的水质净化和水环境生物修复起着非常重要的作用。采用藻菌生物处理技术，水产养殖尾水水质可得到有效提升。

（一）藻类培养和处理技术

近年来，由于藻类在水产养殖领域的应用受到了广泛关注，藻类养殖尾水处理技术也随之得到发展。藻类具有光合效率高、生长速度快、氮磷吸收效率高等特点。藻类处理技术主要利用藻类光合作用吸收无机氮磷等合成自身的有机物，达到去除水中营养性污染物的目的。藻类培养和处理技术具体包括藻种筛选技术、藻类纯化技术、驯化技术、大规模培养技术、氮磷净化技术以及藻类固定化技术等。

选择适宜的藻种是开展养殖尾水处理的前提和关键，优良藻种的筛选依据包括对水产养殖尾水适应性好、生长速率快、氮磷去除效率高、生物质产量高等。在水产养殖尾水处理中应用较广泛、可大量培养的藻类主要包括小球藻、栅藻等绿藻，以及小环藻等硅藻（彩图 20）。在实际应用中应根据养殖尾水的温度、pH、盐度等水体环境和营养性污染物浓度等因素，选择适宜的藻类及投放密度，也可采用不同浓度和配比的多个藻种进行投放。

藻类的纯化培养要求在完全无菌的条件下进行，基本净化技术包括物理法和化学法。常用的物理方法包括涂布划线法、平板稀释法、毛细吸管法、密度梯度离心法和辐照法。涂布划线法是获得纯培养物的经典方法。平板稀释法适用于一些能在平板培养的藻类，简便易行且适用范围广。毛细吸管法即用无菌毛细吸管，在解剖镜或显微镜下把藻类从一滴培养液移至另一滴无菌培养液中，连续转移数次，直至藻细胞无污染。密度梯度离心法是根据藻细胞与杂菌的相对密度不同，通过离心达到使藻细胞和杂菌分离的目的。辐照法是利用藻类与杂菌对射线抗性的差异，采用紫外线等射线进行辐照处理，杀死杂菌达到无菌化的目的。化学方法包括抗生素法和化学消毒法。采用抗生素纯化藻类，需考虑其对藻类形态和生理、生化特性可能存在的影响，选用抑（杀）菌作用强而对藻类影响较小的抗生素。另外，选用合适的化学消毒剂，可抑制或杀死藻类培养液中的杂菌。

藻类培养系统的构建是实现藻类大规模培养的关键环节。目前，常见的微藻培养系统可分为开放式和封闭式光生物反应器。大多数藻类不能在开放式光生物反应器中维持长时间生长，主要原因在于被原生动物、细菌、真菌等生物污染，或来自其他藻种的竞争；封闭式光生物反应器可提供一个相对封闭的生长环境（彩图21），有助于防止外源生物的入侵或尘土等环境污染，因而能最大限度地确保所培养的藻类维持生长优势，有助于藻类大规模培养的成功。

藻类大规模培养一般通过逐级扩大培养实现。通常在光照培养箱中保存的藻种达到一定浓度后，可开始逐级扩大培养，即依次选用体积由小到大的反应器进行。扩大培养过程中使用的培养基、小型反应器及其配件需经过高温灭菌处理方可使用，能在超净工作台操作的步骤尽量在超净工作台进行，以尽可能地保证进入最后一级培养的藻种纯净。

对自养藻类而言，约有30种生长所需的营养元素；从藻类生物技术的核心来看，适宜的碳、氮、磷供应量及其比例至关重要。CO_2和HCO_3^-的持续供应，对提高自养型藻类生物量十分重要。大气中的CO_2不能满足高产量自养藻类生产系统的碳需求，因此，补碳是自养培养系统提高产量的重要环节。通常采用硝酸盐提供氮源，但也经常使用氨和尿素。而磷的供应会影响生物量的组成。氮磷比不仅能决定潜在生产率，而且对培养基中候选藻株的优势保持也很重要。许多微量元素在酶反应和化合物合成中起重要作用，在

实际生产中应检测它们的供应和可用性，确保藻类生长和氮磷吸收与去除的持续进行。少数藻类具有有效吸收和代谢有机碳培养基的能力，即可进行异养培养，这可以快速提高藻细胞浓度和水体生产力。通过异养培养迅速获得的大量生物质，可部分甚至完全地作为水产养殖尾水处理中接种的藻种。

藻类固定化不仅可使藻类细胞密度高、反应速度快、负荷能力强、运行稳定可靠、细胞流失少、易于固液分离，还能在一定程度上提高藻类合成代谢活性，降低分解代谢活性。藻类固定化技术主要是吸附法和包埋法。吸附法是将藻细胞附着在载体表面，而包埋法是将藻细胞包埋或封闭在载体内部。两者都具有操作简便、对藻细胞活性影响较小等特点；相较而言，吸附法固定的藻细胞数量有限，细胞容易脱落，因此包埋法是目前应用最广泛的藻类固定化技术。

藻类收获占藻类生物质生产总成本的 20%～30%。藻类收获的常用技术有离心、过滤、混凝-沉降和混凝-气浮法等。离心收获效率最高、适用范围最广，然而设备成本和能耗也是最高的。膜过滤收获技术对生物质浓缩和回收效率高、无化学污染、操作简单、适应性强，但是膜污染问题的解决是该方法大规模应用的前提。混凝-沉降和混凝-气浮法需要使用混凝/絮凝剂，会对水体产生一定的污染，同时也阻碍藻类生物质资源的回收。除了传统的物理和化学方法，生物收获方法在水产养殖领域应用的潜力更大。目前，大力推广的浮游动物混合培养技术和滤食性鱼、虾、贝类组成的复合系统等，均为藻类的收获利用提供了技术保障。

（二）藻菌复合处理技术

藻菌通过互利共生关系，可形成一个复杂、稳定、功能多样的微生物群体生态系统（彩图 22）。设计和运行良好的藻菌复合系统，其对营养性污染物的去除速率明显高于单藻或单菌处理系统。藻菌复合处理技术在大类上，可划分为以菌类为主和以藻类为主的复合处理技术。

以菌类为主的复合处理技术，主要包括活性污泥法和生物膜法。活性污泥法属于悬浮式生物处理系统，在人工充氧条件下，对尾水和各种微生物进行连续混合培养，经一定时间后因好氧微生物繁殖而形成污泥状絮凝物。污泥状絮凝物上栖息着以菌胶团为主的微生物群，具有很强的吸附与氧化有机物的能力。活性污泥法的优势在于曝气池内微生物、各环境要素分布均匀，传质效率较高，成本低。

活性污泥法的处理效果取决于微生物的活性。活性污泥一般由细菌（菌胶团）、真菌、原生动物等组成，其中，以细菌为主，且种类繁多。当水质条件和环境条件变化时，在生物相上也会有所表现。了解活性污泥中微生物的状况需通过观察了解微生物的种类、数量优势度等，及时掌握生物相变化和运行状况及处理效果，发现异常现象及时予以处理。运行过程中，环境条件、水质、水量均有一定的变化，为了保持最佳的处理效果，积累经验，应经常对处理情况进行检测，并不断调整工艺运行条件，以充分发挥系统的运行能力，争取最大效益，在不影响出水水质的情况下降低能耗，尽可能节约能源。

生物膜法是一种被广泛使用的废水处理技术。该技术可将附着微生物的载体装载于体积和形状一定的容器中构成生物反应器，并可作为商品销售。生物反应器通常在启用前先过水运转，再接种和培养菌类，使滤料表面形成一层明胶状的生物膜。这些微生物利用尾水中的碳水化合物、脂肪、蛋白质、氨氮等污染物，作为细胞本身活动所需的能量和细胞合成所需的物质基础，从而控制尾水中的氨氮、亚硝态氮等有害物质，将污染物转换成为无害的二氧化碳、水、硝酸盐等物质，达到净化尾水的目的。生物膜法能大大提高微生物浓度，使细胞不易被水流冲刷流失，活性较高且能长时间保持稳定，具有一定的抗毒性，且易与水分离。

生物膜的形成是动态变化过程，大致可分为细菌起始黏附期、生物膜黏附期、生长期、成熟期和脱落期等阶段。影响生物膜形成的因素，包括基质类型、基质挂设密度、水体碳氮比，以及其他水

体环境条件和微生物生长的营养条件等。由于载体上的生物膜是固着微生物自身生长的结果，而不是靠悬浮微生物的黏附，为促使固着微生物高速繁殖并在反应器上迅速挂膜，必须保证充足的营养基质。如采用排泥法将大部分悬浮微生物快速排除，可保证载体上的固着微生物获得良好的生长条件而大量繁殖。

以藻类为主的复合处理技术，通常包括高效藻类塘和活性藻处理系统。高效藻类塘是在传统稳定塘处理系统的基础上，根据藻菌共生的观点设计出来的。高效藻类塘的深度通常控制在 0.3～0.6 米，平均停留时间一般为 4～10 天，宽度较窄，具有垂直于塘内廊道的连续搅拌装置以促进混合，可避免污泥淤积且有利于调节塘内氧和二氧化碳气体的浓度。该系统中好氧菌，将含碳有机物降解为二氧化碳和水；将含氮有机物进行氨化和硝化，分别生成氨氮、亚硝酸盐和硝酸盐；将含磷有机物降解为磷酸盐。与此同时，藻类利用这些物质作为原料，以太阳光作为能源，通过光合作用制造有机物，并向系统中释放氧气，以提供细菌氧化有机物所需。高效藻类塘系统强化了藻类和细菌的相互作用，其微生物种类更丰富，对氮磷、有机物和其他污染物的去除效率更高。高效藻类塘系统主要依靠自然生长的藻类和半人工控制手段，因此藻类生长受环境因素，尤其是光照、气温等条件的影响较大，密度相对仍较低，水力停留时间长，占地面积大，使藻类难以收获去除，制约了该技术进一步的发展应用。

活性藻处理系统是将藻类和活性污泥结合起来，通过人工强化的方式培养高密度藻类，然后与活性污泥进行混合培养，即获得藻菌聚合体。这样可使得藻类具有与活性污泥同样良好的絮凝沉降性能。随后采用与活性污泥类似的工艺流程，利用尾水对藻菌聚合体继续培养。藻菌聚合体中的主要生物有好气性细菌、刚毛藻、丝藻、小球藻、栅藻、绿球藻、颤藻和硅藻等。藻菌聚合体可同时去除氮磷和有机物，去除效果的好坏取决于藻类光能合成和细菌氧化代谢作用，并受控于营养性污染物的初始浓度和比例、水温、光强、光暗周期、进水负荷、停留时间、藻类种类以及微生物浓度等一系列参数。光是藻类生长重要的环境因子，因此，光成为影响活性藻工艺的重要因子，而活性污泥的遮光作用阻碍了该技术的应用。

三、土地渗滤系统处理技术

（一）土地渗滤系统处理技术概述

常用的污水处理方法，包括物理沉淀、化学反应、物理化学技术运用、生物降解与天然土地处理系统等。土地渗滤系统处理技术源于污水灌溉，据记载，早在公元前，雅典就有污水灌溉的习惯。16世纪，瑞典和德国开始使用污水灌溉技术。18世纪末，这种技术在英国也得到了广泛的应用，并于19世纪70年代传入美国。我国于20世纪70年代开始进行相关领域的研究，且在"七五"和"八五"期间得到迅速发展。

土地渗滤系统处理技术，是一种将自然净化与人工工艺相结合的小规模污水处理技术。这项技术利用土壤、微生物、动物、植物等构成的生态系统的自我调控机制和对污染物的综合净化功能，通过吸附、微生物降解、硝化反硝化、过滤、吸收、氧化还原等多种过程的协同作用，实现了污水资源化与无害化（杨文涛等，2007）。根据处理目标和处理对象的不同，土地处理系统可分为快速渗滤、慢速渗滤、地表漫流、地下渗滤、湿地系统5种类型。与物理化学方法相比，土地渗滤系统处理技术具有投资少、运行费用低、管理简便、处理效果良好且稳定等优点（卢会霞等，2008）。目前，该技术在国内外流域污染控制中已得到广泛的应用（彩图23）。

1. 快速渗滤土地处理系统

快速渗滤土地处理系统（rapid rate land treatment system，RI）是污水土地处理系统的一种，其定义为有控制地将污水投放于渗透性能较好的土地表面，使其在向下渗透的过程中经历不同的物理、化学和生物作用，最终达到净化污水的目的（徐新阳和于

锋，2003）。RI 系统是一种高效、低耗、经济的污水处理与再生方法，主要用于补给地下水和废水的回收利用。但是它需要较大的渗滤速度和消化速度，所以通常要求对进入此系统的污水进行适当的预处理。快速渗滤系统因其对污染物较高的去除率和相对较高的水力负荷，在国内得到了较多应用。北京市通州区小堡村生活污水经快速渗滤处理系统处理之后，出水水质指标达到二级排放标准（纪峰等，1998）。北京市昌平区使用的快速渗滤处理系统由预处理池、渗滤池、集排水系统、贮存塘等部分组成，它对化学需氧量（COD）、固体悬浮物（SS）、总氮（TN）、总磷（TP）的去除率分别为 91.9%、98%、83.2%、69%。

2. 慢速渗滤土地处理系统

慢速渗滤土地处理系统（slow rate land treatment system，SR）通常被称为自然净化技术，对氮磷等污染物的去除效果较好。但是传统的慢速渗滤系统污水投配负荷一般较低，所投配的污水与植物需要、蒸发蒸腾量和渗滤量大体保持平衡，一般不产生径流排放，渗滤速度慢，以污水的深度处理和水与营养物质的利用为主要目标，基本不产生二次污染。SR 系统的污水净化效率高，出水水质好，是土地处理技术中经济效益最好、对水和营养成分利用率最高的一种类型，但是污水投配负荷一般较低，渗滤速度较慢（Ye et al.，1988）。

3. 地表漫流系统

地表漫流系统（over land flow treatment system，OF）是将污水有控制地投配到有植物覆盖、坡度和缓、土壤渗透性较差的黏土和亚黏土的坡面上，地面最佳坡度为 2%～8%，污水在地表以薄层沿坡面的方式缓慢流动并得以净化（王平，2013）。其中，投配到系统中的废水大部分以地表径流收集，少部分经土层渗滤和蒸发蒸腾而损失。地面上种植牧草或其他作物供微生物栖息并防止土壤流失，尾水收集后可回用或排放。OF 系统对预处理的要求低，而且不受地下水埋深的限制，故对地下水的影响较小，是一种高效、低能耗的污水处理系统。

4. 地下渗滤系统

地下渗滤系统（subsurface infiltration land treatment system，UG）是一种氮磷去除能力强，且能终年运行的污水处理系统，它与前三种处理系统不同，埋于地下，因此对周围环境影响较小，不会滋生蚊蝇等，特别适用于缺水地区，而且对污水的预处理要求较低。地下渗滤处理系统中，在好氧微生物和厌氧微生物的作用下，污水中的有机污染物被吸附和降解，土壤中的微生物又为原生动物和后生动物所摄取，污水中的有机氮在微生物的作用下转化为硝态氮（NO_3^-），土层中的植物根系吸收部分有机污染物、NO_3^- 以及磷等营养物质。通过土壤系统的上述复杂而又互相联系和互相制约的作用，污水可得以净化。具体而言，污水首先进入预处理设施（化粪池），上清液经混凝土（陶土）管自流至渗滤沟。在配水系统的控制下，经布水管分配到每条渗滤沟床中，通过砾石层的再分布，沿土壤毛细管上升到植物根区，污水中的营养成分被土壤中的微生物及根系吸收利用，同时得到净化。

5. 湿地系统

湿地系统（wetland treatment system，WL）是一种利用低洼湿地和沼泽地处理污水的方法。即将污水有控制地投配到天然湿地、沼泽地或人工湿地，土壤经常处于饱和状态，生长有芦苇、香蒲等植物，污水沿一定方向流动，并在耐水植物和土壤联合作用下得到净化（广东河源紫金县环境保护局，2009）。湿地可直接对污水进行处理或用于对污水进行深度处理。WL 系统操作简便，既可促进当地生态农业的发展，又能供公共娱乐、野生动植物保护和科学研究之用。

上述处理技术在运行条件、方式、日常维护与处理效果等方面各有优势，其设计和运行均可因地制宜。简言之，土地处理系统是一项投资少、耗能和运转费用低的生态处理系统。与传统二级处理系统相比，其一次性投资费用大概为传统二级处理的 1/3～1/2，运转费用大概为传统二级处理的 1/10～1/5。以土地处理系统为代表的污水自然处理技术，不仅对各种污染物有极高的去除效率，并

可实现污水的处理与利用相结合的目标，其投资及运行费用为常规处理的 1/3～1/2；既可替代常规处理，又可作为常规处理的深度处理技术，是常规处理的一种革新与替代技术。此外，80% 的工业用水和 60% 的生活用水对水质的要求相对较低，土地处理系统的出水可以作为中水进行回用，推广土地处理技术进而开发中水资源是实现污水处理无害化、资源化的重要途径之一，且是解决水资源危机的重要策略（孙铁珩等，1998；张凯松等，2003）。

（二）技术原理

土地渗滤系统净化污水的原理主要包括物理作用、化学作用和生物作用等。

1. 物理作用

从物理学的观点看，天然土壤是一个极其复杂、由三相物质组成的分散系统（封克等，2004）。它可通过机械阻留和物理吸附，将污水中体积较大的颗粒物与悬浮物固定于土壤孔隙间，进而从污水中分离出来，故其净化机制相对单纯。污染物被截留在土壤中后，才能进一步进行化学作用和生物作用。废水中的固体悬浮物的绝大部分，均可通过这种机制得以去除。土壤对污染物的截留时间长短不均，粒径较大的污染物颗粒经微生物分解或土壤水力冲击后，粒径减小并向下移动。如果截留时间较长，土壤空隙将被堵塞，导水率下降（钱文敏，2006）。土壤颗粒的表面吸附作用来自其中的黏土和腐殖质，其活性较强，可吸附阳离子。粪便污水透过50 厘米的深土壤之后，悬浮物含量可从 20 毫克/升降至 1 毫克/升左右，净化效果明显（袁铭道等，1986；陈怀满，2005）。

2. 化学作用

化学作用主要包括吸附、固定、离子交换和氧化还原反应等。化学吸附多与氧化还原反应共同进行，如被吸附的氨态氮（NH_4^+）很快被氧化成 NO_3^-，并从土壤颗粒中释放。由于污水中离子含量较高，在与土壤的阳离子代换过程中，污水中原有的稳定体系发生变化，引起土壤水中的污染物质（尤其是无机化合物）原有的化学形态和溶解性发生改变，土壤颗粒附近的土壤水中离子浓度随之改变，同时，导致氧化还原反应体系的变化。污染物被截留吸附后，滞留在土壤的孔隙中，并与土壤颗粒中的某些物质进行化学作用。

3. 生物作用

土壤中微生物的数量和种类都远高于污水。土壤微生物和环境因素及其交互作用，形成了具有特殊新陈代谢性能的复合生态系统。微生物通过持续分解有机物从而获得养分和能量，如土壤中有机质和腐殖质的分解与合成，均为微生物新陈代谢的结果。

土壤水中的溶解性污染物，通过颗粒外的液膜，扩散到其表面，直接或经土壤酶分解后被微生物利用而降解，降解可在好氧条件或厌氧条件下进行。由于污水水质的影响，土壤微生物区系的优势种群结构亦发生变化，形成与污水水质相适应的微生物群落。污水中的多糖物质、脂肪族碳氢化合物、少量的碳水化合物和木质素及其他芳香族化合物，均可在好氧或厌氧条件下被不同微生物降解。污水中氮素绝大部分为有机氮，进入土壤后首先由氧化细菌利用其中的碳和氮合成细胞，剩余的氮以 NH_4^+ 的形态释放出来并存在于土壤水中或被土壤吸附。一般情况下，NH_4^+ 被迅速氧化成 NO_3^-，这一过程由硝化细菌驱动的硝化作用完成。部分 NO_3^- 又被异化还原，即反硝化作用。真菌、链霉菌及很多细菌，均可利用简单或复杂的化合物合成腐殖质。腐殖质吸水力强，比表面积大，具有良好的吸附性能，可增加土壤的持水量，有利于氮的转化和有机磷的矿化，也可为碳氢化合物的降解提供稳定的氮源（羚木富雄和山浦源太郎，1985）。此外，土壤中原生动物，如线虫类和贫毛类也可起到减小污染物粒径与维持土壤通透性的作用（Healy 和 May，1982）。

植物在生长过程中可大量吸收氮和磷等营养物质，并对重金属等污染物产生有效的富集作用，其根系释放的氧和有机酸也能改变土壤的氧化还原状态和污染物的形态，为其后续的吸附与形态转换创造有利的条件。此外，植物产生的有机碎屑可为微生物提供有效的碳源，进而成为驱动污染物分解与净化的重要能源。

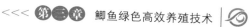

在上述作用中，最重要的是生物作用。系统中细菌和霉菌数量从近进水端到近出水端多呈递减趋势，表层土壤到深层土壤细菌数量也如此。从菌种数量上来看，细菌、霉菌和酵母菌常为优势种（Heathwaite，1990）。土壤中微生物群落是维持土壤生态系统和实现对污水中有机物降解，完成系统内部能量和物质转化的重要因素，且为土地毛管渗滤系统中的物质分解者和能量转化者。它们不仅驱动有机物的降解和腐殖质的合成，而且参与矿物质的分解和合成。土壤中的物质循环和能量流动过程，都受到微生物活动的影响，污水中有机物的去除有 60%～80% 都是依靠微生物的活性（包括酶活性）来完成的。总之，土壤渗滤系统中的物理、化学和生物作用相互偶联、相辅相成，共同完成对污水的有效净化。

（三）土地渗滤系统在养殖尾水处理中的应用

土地渗滤系统已在养殖尾水的处理中得到广泛应用，具体例证如下。

构建了 4 个 45 厘米×10 厘米×90 厘米规模的土地渗滤处理系统处理养殖废水，负荷量为 220 升/（米^2·天）。实验结果表明，该系统对生化需氧量（BOD_5）、悬浮物、NH_4^+、PO_4^{3-} 4 种污染物的平均去除率，分别为 96%～99%、95%～97%、75%～99%、80%～99%（Harada 和 Wakatsuki，1997）。土地渗滤系统对于负荷量为 30～290 升/（米^2·天）的养殖废水中 BOD 和 TN 的去除率，最高分别可达 600 克/（米^2·天）、57.8 克/（米^2·天）（Masunaga 和 Wakatsuki，2002）。

将土地渗滤系统应用于甲鱼养殖废水处理中，该系统对其中 COD、NH_4^+ 和 TN 的去除效果显著，且添加淤泥可有效提高其净化效率（Song et al.，2015）。Shi 等（2019）比较了水蕹菜、水稻和美洲小水蕴草 3 种不同水生植物构建的处理系统，对河蟹养殖废水的处理效果。研究结果表明，相比于美洲小水蕴草，水蕹菜和水稻对于 TN 和无机氮的去除效果更为显著。建立一个 0.5 公顷、种植 12 种基因型杨树的硬木生物能源种植园，用池塘里的水种植 2

年。水产养殖条件下，鱼和树木产量约为 3.5 吨，可获得 5.9 吨/（公顷·年）的烘干生物量，并可隔离碳 2.9 吨/（公顷·年），储存氮 0.028 吨/（公顷·年）。池塘水的土地利用，使地下水渗入比上年增加了 60%。综合系统在浓度低于调节限度的情况下，可调节地下水中的叶绿素 a、总有机碳和氮。这项研究表明，耦合农业生态系统可以提供粮食和生物能源，并支持水的再利用，同时满足与水质相关的法规要求。需要进行更多的研究，来评估这种耦合系统的长期可持续性和经济可行性，并寻求可提高粮食和水产品产量的其他土地管理措施（Shifflett et al.，2016）。在一个综合营养循环水养殖系统（IMRAS）中，人工培育 3 种密度的性逆转雄性尼罗罗非鱼，在鱼密度为 50 尾/米^3 时，其湿重生产力最高可达 (11 ± 1) 千克/米^3。处理槽中的水生植物能有效吸收氮和磷等营养物质，最高去除率分别为 9.52% 和 11.4%。水生植物对氮和磷的吸收速率，由高到低依次排列为水蕴草＞金鱼藻＞苦草和美洲苦草＞水罗兰。剩余的氮通过硝化作用进一步降解，而剩余的磷则可以很好地沉淀在处理槽内的沉积物中（Sriuam，2016）。将改性煤渣和沸石粉以 2：1 的比例混合，再将混合物以 20：1（W/V）的比例与改性聚乙烯醇（PVA）混合，形成吸附剂和生物载体，即煤渣沸石球（CCZBs）。CCZBs 与芦苇湿地相结合，对河口湿地微污染养殖废水进行生物修复。结果表明，NH_4^+ 和 COD 的去除率，随进水量的减少和进水中污染物浓度的增加而提高。当 NH_4^+ 和 COD 浓度分别为 1.77 毫克/升和 56.0 毫克/升时，在 10 升/时水流的条件下，其去除率分别为 67.3% 和 71.3%。该方法可作为水产养殖水体及其他有机污染或富营养化水体原位生物修复的模式体系（Tian，2016）。有学者研究了虹鳟养殖废水对移栽番茄生长的影响和对病原的抑制作用，结果表明，养殖废水对植物生长具有一定的促进作用，具体体现在植物高度、叶面积和根生物量等指标上。淤泥中含有丰富的微生物，对终极腐霉与尖孢镰刀菌分别有 100% 和 32% 的抑制作用。因此，水产养殖尾水可作为土壤改良剂，促进植物生长，并在一定程度上预防土壤中病原菌的传播（Gravel，

2015)。

（四）存在的问题

土地渗滤系统净化污水的效果取决于土壤的性质、面积和地貌特征，故在土质较劣和用地稀缺的区域难以得到广泛的应用，此外，构建系统时需在土壤中添加辅助性的材料和基质，但其遴选准则和规范仍不甚明晰；植物是实现净化功能的主体，而相关的种类选择标准和群落构建原理尚未得到充分的研究，其生长的季节性亦将对净化效果产生极大的不利影响；土壤、植物和污水三者之间需有均衡配置方能达到最佳处理效果，但目前仍缺乏相关的指导原则和具体的技术规范；驱动污水净化的微生物的群落结构和分子机制的相关研究极少，致使污水处理过程中病原菌的传播转移途径和有毒有害物质的去向不明。故从保障公众健康的角度考虑，仍待开展进一步的深入研究。

第四章

鲫鱼绿色高效养殖案例

第一节　池塘绿色高效健康养殖案例

福建宁化县云农技现代渔业专业合作社邱文彬（2017）进行了鲫鱼池塘高产健康养殖试验，取得较好的经济效益。从福建顺昌县兆兴鱼种有限公司引进鲫鱼鱼种，鲢鱼、鳙鱼和团头鲂"浦江1号"鱼种则来自宁化县鱼种场。选择规格均匀、体形正常、鳍鳞完整、体质健壮、活泼、溯水性强、眼球光滑润泽、体表光滑无寄生虫的鱼种；为提高养殖成活率，将畸形率和损伤率控制在 1% 以内。鱼种下塘前用浓度为 3‰～5‰ 的食盐水浸浴 15 分钟消毒，将鱼体表的寄生虫和细菌尽可能杀灭。先投放鲫鱼鱼种，待其驯食成功后再投放鲢鱼、鳙鱼和团头鲂"浦江1号"鱼种。试验塘采取主养鲫鱼，搭配混养鲢鱼、鳙鱼和团头鲂"浦江1号"的方式。投放鲫鱼鱼种 2.3 万尾、净重 805 千克，鲢鱼、鳙鱼和团头鲂"浦江1号"鱼种共 0.63 万尾、净重 234.5 千克（表 4-1）。

表 4-1　试验塘鱼种放养情况统计

品种	放苗时间	鱼种规格（克/尾）	放养密度		总放养数（万尾）	鱼种总净重（千克）
			数量(尾/亩)	重量(千克/亩)		
鲫鱼	2月23日	30～40	2 300	80.5	2.3	805
团头鲂	3月5日	25～30	500	14	0.5	140
鲢鱼	3月5日	80～100	80	7.2	0.08	72
鳙鱼	3月5日	40～50	50	2.25	0.05	22.5

选择鲫鱼配合饲料作为生产用料，饲料的选择依据鲫鱼不同生长阶段对粗蛋白含量的需求。当鱼平均体重低于 100 克/尾时，选用粗蛋白含量 38%左右、粒径 1.5 毫米的高蛋白饲料；平均体重在 100～200 克/尾时，选用粗蛋白含量 36%左右、粒径 2.0 毫米的饲料；平均体重超过 200 克/尾时，选用粗蛋白含量 32%左右、粒径 3.0 毫米的较低蛋白含量的沉性颗粒料。

饲料投喂采用自动投饵机，按"四定"原则进行。并根据水温变化和鱼的不同生长阶段特点，调整日投饵率和投饵次数。投饵次数从最初的每天 2 次到 10 月的 4 次，日投饵率为鱼体重的1.8%～3.3%；11 月随着水温开始下降，日投饵次数降为 3 次，日投饵率为 2.2%左右；12 月投饵次数为 2 次，投饵率为 1.9%左右。饲料的投喂量，还要根据天气、水质和鱼的活动摄食情况灵活掌握，特别是应适当控制梅雨季节和鱼病多发季节的投喂量。

在养殖过程中利用了微生态制剂调节水质。根据水质情况使用经活化处理的微生态制剂调水，7 天施用 1 次芽孢杆菌，15 天施用 1 次硝化细菌和亚硝化细菌，按 1.5 克/米³ 稀释后全池均匀泼洒。每半个月按 22.5 克/米³ 浓度全池泼洒生石灰；每月按 0.5 克/米³ 浓度全池泼洒 90%晶体敌百虫；交替投喂每千克饲料添加 0.5 克大蒜素的饲料或添加三黄粉和多维宝的饲料预防疾病。

该试验塘至 12 月中旬，共收获商品鱼 15 324.3 千克，产值 234 085.8 元，其中，鲫鱼 157 320 元。生产成本 180 990 元，其中苗种费 29 300 元、饲料费 122 595 元、电费 5 040 元、池塘租金 5 000元、药品费 2 455 元、人员工资 13 600 元、设备折旧及其他费用 3 000 元；实现净利润 53 095.8 元，亩利润 5 309.58 元，投入与产出比为 1：1.29（表4-2）。

表 4-2　试验塘商品鱼收获情况统计

品种	收获时间（月份）	平均规格（千克/尾）	成活率（%）	亩产量（千克）	总产量（千克）	所占比例（%）	单价（元/千克）	产值（元）
鲫鱼	9—12	0.45	95	983.25	9 832.5	64.2	16	157 320

（续）

品种	收获时间 （月份）	平均规格 （千克/尾）	成活率 （%）	亩产量 （千克）	总产量 （千克）	所占比例 （%）	单价 （元/千克）	产值 （元）
团头鲂	11—12	0.8	93	372	3 720	24.2	16	59 520
鲢鱼	12	1.35	96	103.68	1 036.8	6.8	6	6 220.8
鳙鱼	12	1.5	98	73.5	735	4.8	15	11 025
合计				1 532.43	15 324.3			234 085.8

养殖结果表明，养殖池塘中使用微生态制剂能净化水质，保持水环境的稳定，增加溶解氧和浮游植物生物量，对促进鱼类生长、提高水产品的品质有显著效果，是健康养殖和渔业生态建设的有效措施。

第二节　鱼-菜-菌鲫鱼生态养殖案例

福建省淡水水产研究所薛凌展（2014）设计了一种由空心菜、鲫鱼和微生物膜组成的浮床生态养殖系统，采用水生空心菜根系及浮床为基质，构建了以池塘土著微生物和外源微生物为菌源的池塘漂浮式微生物膜，并结合水生空心菜对养殖水体进行原位修复。"鱼-菜-菌"培育模式的水质较为稳定，与对照组相比，TN 和 TP 分别降低了 66.13% 和 43.81%；TN 排放浓度达到淡水养殖废水排放二级标准，TP 排放浓度介于淡水养殖废水排放一级标准和地表水质量 V 类标准之间。该模式对养殖水体中的 TN 和 TP 去除率效果明显。对照组 TN 和 TP 产排污系数最高，分别为 1.60 克/千克和 19.90 克/千克，实验组沉积物 TP 和 TN 产污系数最低仅为1.01 克/千克和 0.35 克/千克，分别比对照组降低了 82.5% 和83.17%；养殖效益分析结果显示"鱼-菜-菌"培育模式总产值达到每 100 米^2 3 536.04 元，比对照组养殖经济效益提高了 49.12%。具体养殖方法如下。

池塘面积为 100 米^2，水深 1 米，配备微孔增氧设备。每口池塘平均放 2.04 克/尾、全长为 4～5 厘米的鲫鱼鱼苗 1 900 尾。1 号和 2 号池塘中各放置 4 个空心菜种植浮床，每个浮床面积为 4 米^2，每口池塘空心菜种植面积控制在 16％左右，两口池塘各移植新鲜空心菜 1.5 千克，均匀地种植在浮床上面，生物浮床采用 PVC 管和网片制作而成的漂浮式网箱；2 号池塘定期使用微生态制剂 EM 菌原粉，使用剂量为 0.23 克/米^3，每 15 天使用 1 次。养殖试验过程中，每口鱼塘每天早晚各投喂 1 次，总投喂量为鱼体重的 3％～5％（饲料选用天马公司的斑节对虾 1 号料，蛋白质含量为 42.0％，TP 含量为 1.2％），每 15 天左右进排水 1 次，每次换水 20 厘米；3 号池塘为对照池。养殖共历时 97 天，在养殖过程中定期检测水质相关指标，最后统计 3 个池塘的苗种存活率和体重。

1 号池塘中共起捕鲫鱼大规格苗种 1 721 尾，平均体重为 49.57 克，成活率为 90.58％；2 号池塘共计起捕大规格苗种 1 783 尾，平均体重为 53.45 克，生长速度比其他两组快，成活率达到 93.84％；3 号池塘共起捕大规格苗种 1 730 尾，平均规格为 45.69 克，低于其他 2 组，成活率为 91.05％。数据表明，在空心菜和益生菌的处理下，2 号池塘中鱼苗的生长速度和成活率均好于其他两组，增产效果比较明显（表 4-3）。

表 4-3　鱼苗生长情况统计

序号	苗种规格（克/尾）		培育时间（天）	投苗数量（尾）	起捕数量（尾）	成活率（％）
	开始时	结束时				
1	2.04	49.57	97	1 900	1 721	90.58
2	2.04	53.45	97	1 900	1 783	93.84
3	2.04	45.69	97	1 900	1 730	91.05

在试验过程中没有另外施用化肥或有机肥，空心菜生长速度相对偏慢，分 4 次采摘。1 号池塘共计采收空心菜 100.20 千克，增重 89.93 千克；2 号池塘共计采收空心菜 112.84 千克，增重 102.73 千克。说明在有益细菌的作用下，2 号池塘中的空心菜长势

好于 1 号池塘，空心菜总产量提高了 14.23%（表 4-4）。

表 4-4　空心菜移栽和收获统计

移植/采摘时间	重量（千克）	
	1 号池塘	2 号池塘
7 月 18 日（移植）	10.27	10.11
8 月 11 日（采摘）	21.32	22.95
8 月 27 日（采摘）	19.88	26.75
9 月 15 日（采摘）	22.38	25.54
10 月 23 日（收获）	26.35	27.49
共计	100.20	112.84
增重	89.93	102.73

从 3 个鱼塘的摄食情况来看，2 号池塘中的鱼苗摄食情况较好，97 天内共计投饵 108.525 千克，鱼苗增重 91.435 千克，饵料系数达到 1.187，摄食情况和饵料效率明显好于 1 号和 3 号两口池塘；3 号池塘中的鱼苗生长速度较慢，经过 97 天的培育，鱼苗共计增重 75.168 千克，饵料系数为 1.217，与 1 号和 2 号池塘相比，生长速度分别下降了 7.68% 和 17.77%（表 4-5）。

表 4-5　3 个养殖池塘的投饵模式比较

项　目	1 号池塘	2 号池塘	3 号池塘
饵料总重量（千克）	99.394	108.525	91.473
鱼苗总重量（千克）	85.310	95.301	79.043
鱼苗增重（千克）	81.434	91.425	75.168
饵料系数	1.221	1.187	1.217

根据 3 种模式的鱼苗产量及空心菜产量，初步统计分析 3 种模式的养殖经济效益。结果显示，2 号池塘的鱼苗产值为 2 859.00

元，累计空心菜产值为 677.04 元，合计总产值达到 3 536.04 元，利润达到 2 770.42 元。2 号池塘比 3 号池塘利润高出 970.59 元，养殖经济效益提高了 53.93%；比 1 号池塘利润高出 329.89 元，养殖经济效益提高了 13.52%。2 号池塘在 3 个养殖模式中产值最高，经济效益最好（表 4-6）。

表 4-6　3 种养殖模式的养殖效益统计

项　目		1 号池塘	2 号池塘	3 号池塘
成本（元）	鱼苗成本	114.00	114.00	114.00
	空心菜成本	9.00	9.00	—
	浮床成本	100	100	—
	饲料成本	496.97	542.63	457.37
	小计	719.97	765.63	571.37
产值（元）	鱼苗产值	2 559.30	2 859.00	2 371.20
	空心菜产值	601.20	677.04	—
	小计	3 160.50	3 536.04	2 371.20
利润（元）		2 440.53	2 770.42	1 799.83

　　"鱼-菜-菌"生态养殖模式，对养殖过程中氮磷排放的控制具有明显的效果。通过组建由空心菜、鲫鱼和微生物膜组成的浮床生态养殖系统，采用水生空心菜根系及浮床为基质，构建了以池塘土著微生物和外源微生物为菌源的池塘漂浮式微生物膜，并结合水生空心菜对养殖水体进行原位修复。该模式提高了池塘养殖过程中氮源和磷源的利用率，达到了节能减排的目标。同时，益生菌将池塘中残饵和排泄物分解成空心菜可吸收的营养物质，通过定期采收空心菜，将该物质移出池塘，减少池塘养殖污水的排放，提高池塘自净力，达到节能减排的效果。因此，"鱼-菜-菌"养殖模式是一种促进养殖户增产增收、高效健康的绿色生态养殖新模式，适合进行推广养殖示范。

第三节　山塘健康高效混养鲫鱼案例

山区中山塘水库众多，不仅生态环境优美，而且水源丰富、水质良好，是发展优质水产品养殖的最佳基地之一。近年来，发展起来的山塘健康高效养殖模式也在鲫鱼养殖中得到了应用，取得了非常好的养殖效果（图4-1）。广东省梅州市渔业技术推广与疫病防控中心关磊等（2018）利用梅州地区特有的山塘资源，开展了鲫鱼山塘健康高效混养尝试，总结形成了山塘健康高效混养的试验技术。

图4-1　山塘养殖模式

山塘养殖条件与一般的池塘有所不同，山塘养殖面积控制在50～200亩，水深3～6米，明显比一般养殖池塘深，塘底基本平

138

坦，塘埂宽实无渗漏。与常规池塘相比，由于山塘水库养殖水面与库容水体较大，无条件进行干法清塘，因此通常采用在山塘投料区，以每亩150～200千克生石灰兑水泼洒的方法，对有害病原进行杀灭。

本混养模式以养殖草鱼为主，搭配混养鲫鱼和鲢鱼、鳙鱼等鱼类，投放的鱼苗鳞鳍完整，体质健壮，无伤无病。下塘前用3%的食盐水浸浴8～12分钟进行消毒处理。具体苗种放养情况见表4-7。

表4-7　苗种投放情况统计

品种	放养规格（克/尾）	放养密度（尾/亩）
草鱼	50	1 000
鲫鱼	30	300
鲢鱼	100	150
鳙鱼	100	100

一般鲫鱼对饲料蛋白质含量要求较高，精养选用粗蛋白为33%左右的全价配合饲料。但在与四大家鱼山塘混养模式中，只按四大家鱼的常规饲养要求进行管理，即每天按鱼总体重的3%～4%投入粗蛋白含量为28%～30%的草鱼全价配合饲料。一般每天投喂3次，7:00投饵量为日投喂量的40%，11:30投饵量为20%，17:00投饵量为40%。当水温高于32℃或低于16℃时控制投饵量。

山塘水库水体大，枯水期和排洪期的水位变化大，会引起养殖密度和水质发生变化。因此，需要定时开启增氧设备及加注新水，保证山塘水库养殖的合理水位。病害防治采用以防为主、治疗为辅的原则，通过定期消毒杀虫与提高养殖鱼类自身免疫力双举措以防止病害暴发。由于山塘水库水面大，当鱼病暴发时无法进行全面消毒杀菌，只能采取局部水体调水和消毒杀虫的方式来控制水体病源。通过对投放苗种的消毒、免疫以及每半个月使用"维生素C＋三黄粉＋大蒜素"或中草药复合剂拌料投喂的保健措施，维持鱼体较好的消化吸收、免疫抗病等机能，减少鱼病发生。

经 10 个月养殖，苗种养到商品鱼规格捕捞上市，草鱼、鲢鱼、鳙鱼均达到 1.5 千克以上，鲫鱼达到 450 克以上，综合每亩纯利润 7 430 元（表 4-8）。相比高产高密度池塘养殖环境，山塘水库具有水体大、水质相对稳定等优势，同时，配置远程投料系统、增氧系统和吊网等机械设备，减少人工投入，降低养殖成本，增加养殖效益，是值得应用推广的养殖模式。

表 4-8　鲫鱼混养模式效益情况统计

项目	草鱼	鲫鱼	鲢鱼	鳙鱼	总收入（元）	成本（元）	纯利润（元/亩）
亩产（千克）	1 150	115	210	75			
价格（元/千克）	13	17	5	11	18 780	11 350	7 430
小计（元）	14 950	1 955	1 050	825			

第四节　水库套养鲫鱼生态模式案例

水库水域宽广，水源充沛，水质良好，饵料丰富，可以通过适量放养鱼类，从而改良水库的水质，提高水产品的品质，具有很好的生态效益和经济效益。浏阳市畜牧兽医水产局太平桥服务站苏证明（2015）在浏阳 2 个水库开展主养草鱼、套养鲫鱼养殖模式的养殖示范，丰富了水库渔业的发展。

该养殖模式根据水库不同环境搭配放养鱼种，水库每亩放养规格为 500 克/尾的草鱼种 300 千克，套养规格为 60 尾/千克的鲫鱼鱼种 20 千克、鲢鱼鱼种 50 千克、鳙鱼鱼种 100 千克，另每亩放养黄颡鱼、南方大口鲇等共 150 千克。养殖过程中投喂粒径 4.0 毫米的颗粒饵料，每个水库按照每 30 亩水面安装 1 台自动投饵机。在水库周边安装捕蚊灯，每个水库安装 10 个灯，这种养殖模式改变了传统的以肥水养鱼的模式，通过不同鱼自身的生态位，充分利用饵料，草鱼吃完剩下的残余饵料由鲫鱼等底层鱼类摄食，可保持水库水质清新，降低了鱼病发生的概率。

养殖结果表明，套养鲫鱼的太平桥幸福水库草鱼成活率提高22％，成鱼个体平均每尾增加200克。套养鲫鱼后0.7千克饵料就能生产500克鱼，而没有套养鲫鱼的需要1.1千克饵料才能生产500克鱼，套养鲫鱼生产500克鱼可以节约成本2元（表4-9）。

表 4-9　水库放养及收成统计

水库	鱼种	规格（克/尾）	放养量（千克/亩）	总放养量（尾）	成活率（％）	捕捞总量（千克）	成鱼个体（千克）	鲫鱼产量（千克）
幸福水库	草鱼	500	600	72 000	80	92 160	1.6	23 040
金江水库	草鱼	500	600	84 000	58	68 208	1.4	0

水库套养的鲫鱼能摄食养殖过程中的残饵，保证饲料得到充分利用，使得养殖水库水质得以改良。同时，减少渔药等的投放。由于水库水质变好，使得草鱼品质上升，促进了草鱼的销售，养殖户每年增加收入达4 000余元，有力地促进了水库渔业的发展，该模式是一种值得推广的生态养殖模式。

第五节　鲫鱼稻田综合种养案例

一、稻田养殖方正银鲫

黑龙江省勃利县水产技术推广站在勃利县推广稻田养殖方正银鲫技术，取得了较好的效果。其中，一农户采用单养方正银鲫、搭配少量草鱼和鳙鱼的养殖模式，在30亩稻田放养方正银鲫夏花1.2万尾，平均每亩放养400尾。秋季产每尾重75.6克左右的方正银鲫669千克，平均每亩产22.3千克，每亩增收300多元，取得了显著的经济效益。同时，稻田养殖方正银鲫的生态效益也非常显著，减少了化肥和农药的施用量，实现了节本增效（郑远洋，2017）。

稻田的改造和选择与常规的稻田养殖基本一致，通过加高加固田埂、设置双层拦鱼栅和挖 2％左右的"口"字形鱼沟等进行改造。改造后，按照不同的养殖密度和投放不同的苗种进行养殖对比（表 4-10）。

表 4-10　不同产量方正银鲫夏花和春片鱼种的放养密度

单产（千克/亩）		10	15	25	30	50
放养密度（尾/亩）	夏花	200	300	500	600	1 000
	春片鱼种	3	5	8.5	10	17

在养殖过程中农药施用量减少 50％，化肥施用量减少 10％～20％，基本不发生病害，生态效益和经济效益明显，该模式是值得推广的生态养殖模式。

二、稻田养殖彭泽鲫

彭泽鲫是鲫鱼养殖品种中生长速度快、增肉倍数高、不易脱鳞、抗病能力强、病害少、摄食能力强、容易饲养的新品种。在稻谷增产或不减产的情况下，稻田养殖彭泽鲫，能增加鱼产量，达到增产增收的效果（凹兴灿，2013）。

彭泽鲫稻田养殖有沟溜、塘田和沟凼养殖三种形式。沟溜式为最常见的，主要开挖鱼沟和鱼溜；塘田式是稻田与鱼塘相连，可在稻田开挖鱼沟与鱼塘相通，当水位升高时塘田连成一片，鱼类在塘间来回活动；沟凼式是指针对面积不大、长年积水的浅水低洼田，将部分或全部低洼田延纵横方向分成规则或不规则的数块，块与块之间开挖大沟形成沟凼，抬高田块，降低积水水位。

以培育大规格鱼种为主、养成鱼为辅，彭泽鲫为主养品种，占投放量的 70%。适当搭配其他鱼类,每亩投放 3 厘米长的彭泽鲫夏花 1 500～1 700 尾,鲢鱼和鳙鱼 50 尾,鲢鱼和鳙鱼数量比为 3∶1。

养殖生长期 112 天,经干田回捕,获平均规格约 60 克/尾的彭泽鲫鱼种 1 678 尾,回捕率为 99.26%;总重量为 108 千克,亩产 92.88 千克,每千克以 12 元销售,每亩鱼收入 1 114.56 元;扣除成本投入 460 元,养鱼纯收入 654.56 元。养鱼水稻比对照田每亩增收 33.27 千克,节约农药、化肥费用 18 元。鱼毛收入占鱼稻总毛收入的 46.2%,纯收入占鱼稻总纯收入的 52.4%。

彭泽鲫的抗病力较强,在整个养殖期内未见鱼病的发生,彭泽鲫采用稻田养殖,可以实现高产量和高效益。

三、稻田主养湘云鲫

陕西省水产工作总站与汉阴县水产站进行工程化稻田主养湘云鲫的高产技术试验,取得了亩产商品鱼 137 千克、有机稻谷 674 千克的良好效益(王震等,2013)。

采用机砖、片石或混凝土在稻田靠引水渠一侧开挖长方形鱼凼工程,在田间开挖宽、深各 0.6 米的"口"字形和"田"字形鱼沟与鱼凼相通,凼、沟合计面积不超过稻田总面积的 10%。

挑选规格一致、体质健壮、无病无伤、50 克/尾左右的湘云鲫鱼种,搭配总鱼种数量 10%左右的草鱼和鲢鱼、鳙鱼(表 4-11)。插秧前将鱼种集中投放在鱼凼中,待 10 天左右,秧苗返青、长势良好后再放入大田,避免鱼种伤害秧苗而降低返青率(表 4-11)。

表 4-11 鱼种投放情况统计

品种	规格(克/尾)	重量(千克/亩)	数量(尾/亩)	尾数比(%)
湘云鲫	50	15	300	88
草鱼	100	1	10	3

（续）

品种	规格（克/尾）	重量（千克/亩）	数量（尾/亩）	尾数比（%）
鲢鱼、鳙鱼	100	3	30	9
合计		19	340	100

养殖前期以米糠、菜籽饼、麸皮等农家饲料为主，搭配适量的浮萍、瓜菜叶等青饲料；中后期加强培育，以投喂全价配合颗粒饲料为主。每天投喂 2 次，日投喂量为鱼总重的 2%～3%。每月每亩用生石灰 10～20 千克化水泼洒对鱼凼消毒 1 次，在饲料中定期拌喂大蒜预防疾病。

试验点共收获商品鱼 8 220 千克，稻谷 40 440 千克。亩均产商品鱼 137 千克，其中，湘云鲫占 76% 以上；亩产稻谷 674 千克，同未养鱼田相比产量提高了 8%。鱼类总产值 115 080 元，扣除生产成本 65 412 元，净利润 49 668 元，亩均净增收 827.8 元，投入产出比为 1∶1.76，是未养鱼稻田效益的 1.5 倍。

第六节　网箱养殖鲫鱼

鲫鱼具有肉质佳、生长快、抗病力强等优点，除了常规的池塘、稻田和水库等养殖以外，水库网箱养殖也是一种常用的养殖模式。网箱养殖鲫鱼具有容易开展、管理方便、容易捕捞、投资回报率高等优点（张帅等，2018）。

张帅（2018）采取单品种养殖鲫鱼的网箱养殖方式，搭配一定比例的鲢鱼、鳙鱼、细鳞斜颌鲴。选择朝阳背风、水体透明度大、没有污染、水深 3 米以上的水库作为网箱养殖水域，水体水流速度不宜超过 0.2 米/秒，采取浮动式网箱设置方式，单个网箱面积为 15～40 米²。按计划产量 25～100 千克/米³ 放养鱼种。规格 50～100 克的鲫鱼鱼种，放养密度为 100～400 尾/米³；规格 200～300

克的鲫鱼鱼种，放养密度为 50～200 尾/米³。在春季水温 8～10℃时一次性放足放养鱼种，鱼种放入网箱前，用 2％～3％ 的食盐水浸洗鱼体消毒，消毒时间为 5～10 分钟。养殖过程中，投用粗蛋白含量 32％ 的人工配合饲料，投喂率为 1％～4％。养殖结果表明，网箱单产达到 25 千克/米³，一个 50 米³ 的网箱可盈利 5 000～10 000 元，投资回报率高，是一种高效的生态养殖模式。

林长全（2016）在规格为 6 米×6 米×3 米的网箱中，投放尾重 50 克的黄金鲫 12 500 尾。整个养殖周期投喂粗蛋白含量为 30％～33％ 的黄金鲫专用颗粒浮性饲料，投饵率为 4％～5％。经过 6 个月养殖后，开始捕捞出售，共收获商品鱼 177 300 千克，平均尾重达 0.6 千克，最大个体 2.3 千克，成活率 98.5％。按每千克鱼价格 15 元计，产值 265.95 万元，扣除鱼种、饵料、鱼药、网箱折旧等成本费用 176.86 万元，纯利润为 89.09 万元，平均每箱纯利 3.712 万元。该模式周期短、成本低、高产高效，给养殖户带来可观的经济效益。

于兆云（2012）采用主养鲫鱼的网箱养殖方式，网箱规格均为 8 米×6 米×2.5 米的六面体网箱。网箱在放养前先入水 7～10 天，让网衣附着水生生物。水温在 10℃ 以上时放养鱼种，放养规格一般为 12～14 尾/千克，每箱一次性投放彭泽鲫鱼种 394 千克。养殖过程中，投喂高效无公害的膨化颗粒饲料，随着鱼体长大，饲料蛋白含量从 35％ 逐渐降低为 30％，投喂率一般控制为 2％～4％。养殖结果表明，每口网箱约产商品鱼 2 016 千克，最大个体达到 500克、最小个体 310 克，平均尾重 360 克，实现了大规格高价格的上市要求，每箱产值 20 966.4 元，扣除饲料、苗种和网箱等成本 17 321.3元，每口网箱获利 3 645.1 元。

第五章
鲫鱼养殖品种的加工和美食

鲫鱼味美，在我国古代已成美食。唐代以后，皇帝与士官多用鲫鱼作脍。史书记载，唐玄宗就"酷嗜鲫鱼脍"，派人专取洞庭湖大鲫鱼，放养于长安景龙池中，"以鲫为脍，日以游宴"。淇河鲫鱼背色浅褐，腹部为银色，脊背宽厚，体丰满，又称"双脊鲫鱼"。《史记》记载"商王喜食淇鲫"，淇鲫为历代宫廷贡品。明嘉靖二十四年（1545年）纂修的《淇县志》水产鳞族中，专有对淇鲫的记载。1938年的《汤阴县志》记载："淇鲫体皆双脊，形扁圆，其肉嫩肥美，片片呈蒜瓣状，汤暖，尤宜啜于冬日，昔在封建时代常有专差向皇帝贡献，为三大贡品之一，颇受嘉评"。而且古代很多名家写下了有关鲫鱼脍炙人口的诗句，如唐代大诗人杜甫在《赠王二十四侍御契四十韵》中写道："网聚粘圆鲫，丝繁煮细莼"，在《陪郑广文游何将军山林》中写道："鲜鲫银丝脍，香芹碧涧羹"，古人早就用鲫鱼与莼、香芹一起做出精美的鲫鱼汤。北宋诗人黄庭坚"食鱼诚可口，何苦必鲂鲫"的诗句，便从侧面体现出鲫鱼在古时餐桌上鱼类食材中的地位。苏轼"我识南屏金鲫鱼，重来拊槛散斋余"、南宋陆游"鲜鲫每从溪女买，香蔬时就钓船炊"、北宋王安石"清醪足消忧，玉鲫行可脍"和韩愈"庖霜脍玄鲫，淅玉炊香粳"等诗句，写出了当时人们对鲫鱼的喜爱之情。

鲫鱼味美好吃，但肌间刺多，于是清代就有了荷包鲫鱼、干煨鲫鱼、酥鲫鱼等吃法。如今，鲫鱼已经成为百姓餐桌上的常客，不同地方开发出适合当地口味的鲫鱼美食。随着鱼类加工业的发展，鲫鱼调味品以及下脚料的充分利用，丰富了鲫鱼的食用方法，另外也大大提高了鲫鱼的附加值，对促进鲫鱼的生态养殖具有重要的推动作用。

第一节　鲫鱼美食

与"四大家鱼"相比，鲫鱼个体较小，而且具有鲤科鱼类相似的特点，即鱼刺多而细密，食用不方便。目前鲫鱼仍是以鲜食为主，长期以来没有适合鲫鱼加工的技术和工艺，加工利用程度极低。因此，我国作为鲫鱼的发源地、饲养大国和消费大国，开发适合大众口味、形式多样的淡水鱼产品，对于逐步改变我国单一的活鱼进入家庭饮食的现状、提高淡水养鱼业的经济效益、提升产品附加值，具有重要的现实意义（汪小玲和孙金才，2015）。

一、家常红烧鲫鱼

鲫鱼大小适合家庭制作，家常红烧鲫鱼是鲫鱼加工中最常用的方法，操作简单，味道鲜美，是一道下饭的好菜。

（一）原料

鲜活鲫鱼个体，最好在 500 克左右。

（二）加工工艺

（1）鲫鱼去内脏后洗干净，沥干水分。

（2）锅内放油，烧热，下姜丝，稍煸后捞去姜丝，再将鲫鱼顺锅边放入锅中，双面煎至金黄色。

（3）加入姜片、蒜片、辣椒片和少许盐、老抽、少许醋或料酒、豆瓣酱，加水量刚好没过鱼。

（4）大火烧开，加盖以小火焖10分钟，煮到汤汁变少，汤汁快干时把鱼盛起装盘，剩下的汤汁大火烧黏稠一些淋在鱼上，撒上葱花。

（三）品质风味

红烧鲫鱼是以鲫鱼为主要食材，配以香菜、红辣椒一起烧制的美味家常菜，口味香辣可口，营养价值丰富。

二、糟鲫鱼

糟鲫鱼是经腌制、干燥、糟制、包装等工艺加工而成的一种传统食品。经加工后，产品质量稳定，风味独特，骨酥刺烂，便于携带和方便食用（吴丹等，2015；康怀彬等，2009）。

（一）原料

400～500克/尾的鲜活鲫鱼。

（二）加工工艺

（1）原料处理　将鲫鱼开腹除去内脏，刮鳞并切除头、尾、鳍，用流动水洗净鱼体表面的黏液和杂质，洗净腹腔内的黑膜、血污，切成1厘米宽的鱼块。

（2）腌制　用鱼块重量8.8%～8.9%的食盐腌制。先用80%的食盐与鱼块混合均匀，放入腌制容器内，将剩下20%的食盐作为封顶盐，均匀地撒在鱼块最上层。将腌制容器放入生化培养箱，10～12℃条件下腌制15～16小时。

（3）干燥　将腌制好的鱼块放入电热鼓风干燥机中干燥，温度58～60℃，风速2米/秒，干燥至鱼块总重量失去43.6%～47.5%，此时鱼块的含水率为25%～30%。

（4）制糟　将糯米淘净，于清水中浸泡约20小时。浸泡时间可根据室温不同而不同，7℃以下时浸泡40～44小时，7～15℃时浸泡24～28小时，20℃以上时浸泡16小时。将浸泡后的糯米捞出，用清水冲去米浆，沥去水分蒸煮。大约蒸煮20分钟，至饭粒疏松、无白心、透而不烂、熟而不黏。将蒸好的米饭迅速冷却至

30℃左右，接种原料米重1%的酒曲。把酒曲用无菌水溶开，加入米饭中充分拌匀后，装入洁净、有盖的容器中，拍紧、抹平米饭表面，在中间挖一圆洞直达缸底，圆洞底部不见水为宜，加盖。将装有接种好酒曲的米饭容器放入电热培养箱，温度控制在27～30℃，发酵40～48小时。发酵期间，当酒液达到饭洞的4/5时，转移出酒液，防止酒酿变苦，反复操作此步至酒糟发酵成熟。做好的酒糟，酒味甜，香气四溢，呈白色或淡黄色。

（5）糟制　将甜酒糟压榨，使其含水量为40%～50%，酒精成分为2%～3%。加入酒糟重量1.2%的姜、1.5%白糖、0.1%味精、0.25%大料、0.2%桂皮、0.1%胡椒、0.2%花椒、0.15%丁香、0.2%陈皮、0.1%茴香等香辛料及4%烧酒（56度），将酒糟搅拌均匀。原料鱼与酒糟用量之比为1∶2.3。在洁净的容器底部加一层已配拌均匀的酒糟，将已干燥好的鱼块排列在糟上，然后一层糟一层鱼逐层排放，顶层盖以较厚的酒糟，20.8℃条件下发酵17.2天。

（6）包装杀菌　将糟制发酵好的鱼块按要求装入包装袋中，真空封口，真空度为0.09兆帕。在杀菌锅内高温反压杀菌，杀菌公式为（15分钟－20分钟－15分钟）/116℃，反压冷却。

（三）品质风味

糟鲫鱼具有甜咸和谐、醇香浓郁、回味悠长、口感柔和、色泽亮丽等特点。

三、酥煸鲫鱼

（一）原料

80克/尾左右的鲜活鲫鱼10尾。

（二）加工工艺

（1）鲫鱼宰杀洗净，两面拉"一"字形花刀，加葱姜、料酒、盐和酱油腌制 20 分钟。

（2）油烧至六成热，鲫鱼浸炸至成熟定型后捞出，待油至六七成热时再复炸至酥，倒出控油。

（3）留底油，煸葱姜。茴香、桂皮及花椒，加水后放入炸好的鲫鱼，调以料酒、酱油、白糖和香醋，大火烧开后转中小火慢火至水分较少时，加入香醋，淋明油装盘即成。

（三）品质风味

成菜后鲫鱼鱼肉和鱼骨都可食用，骨酥肉松，无渣，汁多味浓，滋润爽口，酸甜味美，具有开胃、健脾和助消化的功效（赵节昌，2009）。

四、鲫鱼糯米汤

（一）原料

活鲫鱼 2～3 尾（200～300 克/尾），葱白、生姜各 3 克，糯米50～100 克，藕粉 5 克，细盐适量。

（二）加工工艺

将鲫鱼去鳞、鳃及内脏，洗净，与糯米同时放入锅中，加水适量，先用急火烧沸，后改用文火煨至烂熟。生姜和葱白切成碎末，一起放入鱼汤中煮沸 5 分钟，最后加入藕粉、细盐，稍煮即成。鱼汤和鱼肉既可分开食用，也可同时食用。

（三）品质风味

每天 1 次，每次 1～2 小碗，温热食用，连食 5～7 天，具有补中益气、健脾和胃的作用。注意：该汤不要冷却后食用，不要与咖啡、浓茶等共饮，炖汤过程中不要用油脂或其他调料（魏友海，2007）。

五、木耳清蒸鲫鱼

（一）原料

水发木耳 100 克，鲜鲫鱼 300 克，料酒、精盐、白糖、姜片、葱段、花生油各适量。

（二）加工工艺

将鲫鱼去鳃、去内脏、去鳞，洗净，鱼身两面斜划几刀，以利入味。将水发木耳去杂洗净，撕成小片。将鲫鱼放入碗中，加入姜片、葱段、料酒、白糖、花生油，覆盖木耳，上笼蒸 0.5 小时取出即成。

（三）品质风味

鲫鱼鲜香，清淡，咸甜不腻。木耳清蒸鲫鱼具有温中补虚、健脾利水的作用。此菜具有润肤养颜、抗衰老的作用（魏友海，2007）。

六、邮亭鲫鱼火锅

（一）原料

鲜活鲫鱼，姜、葱、盐、料酒、泡红辣椒、郫县豆瓣、辣椒粉、花椒等。

（二）加工工艺

先将鲫鱼剖洗干净，改"十"字花刀，加姜、葱、盐、料酒。泡红辣椒、郫县豆瓣斩细，芹菜洗净切成节。鱼在油锅里炸成金黄色后，炒锅下油烧至五成热，将泡红辣椒、郫县豆瓣、辣椒粉、姜、花椒等放入，炒至油呈红色后下鲜汤、料酒、泡萝卜，熬出味，再将煎好的鲫鱼、芹菜下锅内烧至鱼熟，调入鸡精后，出锅食用。食用时，火锅炉不用点火，待鱼吃完后加入其他菜品时再点火。

（三）品质风味

邮亭鲫鱼为重庆特色的江湖菜，它改变了以往吃火锅必备的鲜油碟、干油碟，改成碎米花生、碎米榨菜、葱花等调料。将整条鲫鱼从火锅内取出放入食盘内，随个人喜好放入各种调料，再舀一小瓢火锅汤调匀，一并食用，麻辣鲜嫩（罗昭伦，2019）。

七、鲫鱼肉松

（一）原料

要求采用新鲜、无病斑、无掉鳞、无伤残的鲫鱼个体。

（二）加工工艺

（1）水洗　将鲫鱼用清水清洗，去掉鱼表面杂质，去鱼鳞和内脏。

（2）去腥　将洗净的鲫鱼在去腥剂（0.2% $CaCl$＋0.1% HCl）中浸泡1小时后，再用流动水冲洗0.5小时。

（3）沥水　将冲洗后的鱼，放在带孔的塑料筐上沥干水分。

（4）蒸煮　将沥干水分的鲫鱼放入蒸汽灭菌锅（或加热锅）中蒸煮，蒸煮时把排气阀打开，温度控制在95～99℃，蒸煮时间为40～50分钟。

（5）去皮、骨刺、黑膜　将蒸煮的鲫鱼冷却，然后手工去除鱼皮、骨刺及黑膜。

（6）加压脱水　将鲫鱼肉用纱布包裹进行加压脱水。

（7）调味　按总重量计算，加入0.5%肉桂粉、1%精盐、2%老抽酱油、5%植物油、0.5%鸡精、0.5%五香粉、0.5%生姜粉混合均匀。

（8）炒松　将炒松机预热30分钟，再打开运行开关，倒入鲫鱼肉，翻炒鱼肉40分钟，关闭运行开关和电源，继续翻炒30分钟。

（9）包装　将炒好的鲫鱼肉松装入聚乙烯塑料袋，每袋25克，用脚踏式封口机封口。

（三）品质风味

加工后的鲫鱼肉松呈深黄色，色泽均匀一致，有鱼香味，无异味，肉质细腻，味道鲜美，咸度适中，绒状，纤维疏松，适合所有人群食用（汪小玲和孙金才，2015）。

第二节 鲫鱼下脚料的利用

前面列举的都是鲫鱼最主要的可食部分肌肉的加工，一般都要去内脏、去鳞等再进行加工。然而如何充分利用这些鱼的下脚料，如鱼头、鱼内脏等各个部位，是值得思考的问题。这不仅可以充分利用浪费掉的鱼资源，而且对保护环境有一定的意义。鱼油、抗菌肽等功能物质的提取，为鲫鱼下脚料的资源利用提供了重要参考（王巧巧，2017；王文婷等，2019；顾晨涛，2019）。

一、鱼油提取

鱼油中含有丰富的营养物质，其中，发挥重要作用的是不饱和脂肪酸，如人们熟知的 DHA 和 EPA。DHA 是脑磷脂重要的组成部分，具有重要的保健功能；EPA 一般分布在外周的心血管系统中，具有抑制血栓形成、适当调节血脂和抗血小板凝集等功用，具有很高的食用、药用及营养价值。一般在深海鱼类中 DHA 和 EPA 的含量较高，但淡水鱼类，包括鲫鱼中也含有 DHA 和 EPA。以鲫鱼下脚料为原料，提取鱼油是对鲫鱼资源的充分利用，具有十分重要的价值。

（一）原料

鲫鱼下脚料，清水洗干净。

（二）加工工艺

鲫鱼内脏样品，按 2:1 的比例加水并搅拌均匀，待水浴锅加热到一定温度，将装有鱼油的锥形瓶放入其中。在 pH 计的测定下，滴加 KOH 调 pH 至蛋白酶最适值，加入胰蛋白酶，到时间后用温度为 100℃的水浸浴灭酶。将液体倒入离心管内，5 000 转/分条件下离心 18 分钟。冷冻并分离出上层鱼油，得到粗鱼油。

选用碱性蛋白酶酶解提取鲫鱼下脚料中鱼油，酶解 pH7.5，酶解时间为 3.5 小时，酶解温度为 55℃，加酶量为 2.5%，在最佳酶解条件下进行验证试验，得到鲫鱼下脚料中鱼油的提取率为 84.29%（王文婷等，2019）。对最佳酶解工艺条件下从鲫鱼下脚料中提取出的油脂感官性状和理化性质进行分析，同时与我国水产行业粗鱼油标准中的指标进行对比，采用酶解法所得鲫鱼下脚料中鱼油的感官性状和理化性质，均达到了我国水产行业标准规定的粗鱼油二级标准。

（三）应用价值

鲫鱼下脚料中粗脂肪的含量达 30.92%，在同类食品中脂肪含量相对比较丰富，具有很好的开发利用价值。

二、抗菌肽提取

抗菌肽又称抗微生物肽，是自然界生物体内普遍存在的小分子多肽，具备抵抗外来病原体侵染的活性，是宿主自身免疫系统中的重要组成部分，为大多数生物提供第一道防线。抗菌肽具有多种生物活性，功能广泛，且具有广谱杀菌等作用，并且由于其天然的抗菌性能和低的细菌耐药性等特点，使其成为抗生素等抗菌药物很好的替代品，具有广阔的发展和应用前景（顾晨涛，2019）。

（一）原料

鲫鱼鱼鳞，清水洗干净。

（二）加工工艺

提取方法按照下脚料→预处理→酶解→灭酶→酶解液→初步分离纯化等流程。鲫鱼下脚料经预处理匀浆后置于三角瓶中，调节到适宜的酶解条件为：酸浓度 11.3%，酸和鱼鳞液料比为 15 : 1（毫升/克），酶添加量 0.9%（w/w），置于恒温水浴中，进行酶解。酶解后，将酶解液置于沸水浴中 10 分钟，进行灭酶处理。灭酶处理后，酶解液在 4℃下，以 12 000 转/分的速度低温离心 20 分钟。鱼鳞抗菌肽粗酶解液经透析后，再分别经 Sephadex G-15h、Sephadex G-50 凝胶过滤层析和纤维素 DEAE-52 阴离子交换层析对其进行分离纯化，最后得到具有较强抑菌活性的蛋白组分。

（三）应用价值

鱼鳞抗菌肽可明显延缓果实的衰老腐烂，对鲜榨果蔬汁具有良好的防腐抑菌能力。

第三节 基于鲫鱼原材料加工的调味品

一、酶解复合调味品

鲫鱼鱼肉细嫩、味道鲜美，每 100 克鱼肉含蛋白质 13 克、脂肪 1.1 克、碳水化合物 0.1 克，具有高蛋白、低脂肪、低热量等特点。鲫鱼所含蛋白质品质优良，易被消化吸收，还可增强抵抗力，是良好的蛋白质来源。因此，针对这类低值优质蛋白质原料，通过发酵或酶解后制备液体调味料，是提高鲫鱼附加值的一个很好方法（汪兰等，2016；丁安子，2018）。

(一) 原材料

鲜活鲫鱼, 宰杀后除去鱼鳞、鱼鳃和内脏, 清洗干净。

(二) 加工工艺

将鲫鱼粉碎得到鱼泥, 于 $-18℃$ 保存备用。料水比 2∶1 于 85℃灭酶预处理 30 分钟, 然后降温至 50℃, 调整 pH 为 7.0 后加入 0.6% 的风味蛋白酶, 酶解 4 小时, 再加入 0.5% 的复合蛋白酶, 酶解 4 小时。酶解完成后升温至 90℃灭酶 30 分钟, 得到鲫鱼酶解液。酶解液经冷冻干燥 42 小时制得鲫鱼酶解粉, 于干燥皿中保存备用。鲫鱼酶解粉、食盐、白砂糖、海带粉等原料分别粉碎过 40目筛, 按配比准确称量后投入高速混合机中, 混匀后通过旋转造粒机造粒, 干燥筛分后得鲫鱼酶解物复合调味品。电子舌分析结果表明, 鲫鱼酶解物复合调味品味觉呈现与市售调味品(鸡精、味精)相似。

(三) 应用价值

鲫鱼酶解产物营养丰富, 必需氨基酸含量丰富, 比例均衡, 可开发成一种高蛋白、低水解度、营养丰富的天然调味品。

二、鲫鱼汁

鲫鱼含有丰富的香味物质, 可以作为食品加工中的重要风味物质, 广泛运用在烹饪、方便食品、各式肉制品、小吃食品、仿生食品中。以鲫鱼尾为原材料的水产复合调味品鲫鱼汁, 是一种营养较为丰富的调味品(郝教敏和姚玉莲, 2011)。

(一) 原材料

鲜活普通鲫鱼, 宰杀后除去鱼鳞、鱼鳃和内脏, 清洗干净。为了更好地去除腥味和泥土味, 去掉位于鱼鳃后咽喉部的咽喉齿。

（二）加工工艺

鱼体宰杀 6 小时后，按其与水的质量比 1∶5 下锅，下锅时水温 40℃，同时加入适量黄酒去腥，水开后改用文火煮 40 分钟。去除滤渣，取过滤液，室温静置。当滤液降温至 70℃时，将增稠剂（变性淀粉或黄原胶）按一定比例搅拌溶解于滤液中。再将白砂糖、食用盐、谷氨酸钠、5′-肌苷酸等经胶体研磨处理，按一定比例加入，边加入边搅拌，然后加热至沸腾。用均质机按一定的均质压力对上述样品均质，使物料均匀一致。均质温度 50～60℃。将调配均质后的样品，在恒温水浴箱中 85℃巴氏杀菌 5 分钟。在均质成品中添加适量的鱼味香精、防腐剂（山梨酸钾）、色素（叶黄素）、0.05％山梨酸钾和 0.03％叶黄素。将配制好的工艺成品置于 40℃恒温培养箱，对成品进行感官评价及理化微生物指标测定。

（三）应用价值

本工艺生产的水产调味品鲫鱼汁质地均匀，口感细腻，鱼鲜风味突出，色泽淡黄，气味芬芳。水产调味品鲫鱼汁符合人们对于风味和营养的需求，具有广阔的市场前景。

三、鲫鱼鱼露

鱼露也称鱼酱油或虾油。我国生产鱼露的历史悠久，鱼露是一种常用的调味品。鱼露中约有 124 种挥发性成分，包括含氮物、醇类、含硫物等多种成分。在东南亚、中国东部沿海地带、日本，鱼露非常受欢迎（李勇和宋慧，2005；李林笑等，2017）。

（一）原材料

鲜活普通鲫鱼，宰杀后除去鱼鳞、鱼鳃和内脏，称重后冷冻保存。

（二）加工工艺

1. 蛋白酶解法

用电磁炉220℃蒸煮20分钟，使蛋白质变性易于酶解，同时达到灭菌的效果。蒸煮前加入少许姜片、食醋和料酒，以利于去除腥味。用打浆机将煮熟的鱼肉和鱼汤（以固液比1∶1加入鱼汤）一起搅拌打浆。用NaOH和HCl调整溶液中的pH。按比例加入蛋白酶于浆液中，搅拌均匀，在水浴锅中保温酶解。酶解结束后迅速升温到100℃，并保持3分钟，以达到灭酶的目的。控制转速为4 800转/分，离心5分钟分离酶解液，并取上清液。用0.5%活性炭在55℃条件下吸附20分钟除去苦腥味，然后用布氏漏斗进行抽滤，得到澄清液体。加入12%食盐和0.1%耐酸双倍焦糖色素进行调配。水浴锅控制在72℃，保持15分钟进行杀菌处理。把杀菌后的料液密封静置1周，然后取上清液定量灌装于玻璃瓶中，接着封口。把封口的鱼露制品再于80℃杀菌15分钟，制得鱼露成品（李勇和宋慧，2005）。

2. 米曲霉发酵

将鲫鱼粉碎，得到鱼泥，将鱼泥和水按1∶2比例混合，用均质机均质后煮沸10分钟。米曲霉种曲接种量30%，发酵温度35℃，加盐量13%，发酵时间为7天。在最佳条件下，每100毫升鱼糜总酸含量可达1.253克，氨基酸态氮含量可达0.898克。在此基础上，采用鲁氏酵母对鲫鱼糜进行为期1个月的增香发酵（李林笑等，2017）。

（三）应用价值

所得鱼露呈红褐色，通体澄清，鲜味醇厚，有浓郁的酱香和酯香，氨基酸态氮和无盐固形物含量达到特级酱油标准，总氮含量达到一级酱油标准，总酸含量为每100毫升1.035克，符合卫生指标，是值得推广应用的优质鲫鱼调味品。

附 录

绿色生态健康养殖生产相关标准规范和优秀企业

一、相关标准规范

稻渔综合种养技术规范（SC/T 1135.1—2017）

二、优秀企业

（一）黄石富尔水产苗种有限责任公司

黄石富尔水产苗种有限责任公司位于湖北黄石市黄石港区，现有精养鱼池1 600余亩。其中，苗种池220亩，孵化设施若干套，拥有鱼类品种20余个，年生产各类品种鱼苗5亿余尾。公司成立以来，长期与中国科学院水生生物研究所、华中农业大学等科研院所紧密合作，培养并组建了一支水产养殖技术攻关及研发团队。近年来，公司先后承担了省市科技攻关项目8个，并获得科技成果多项。其中，国家发明专利1项，实用型专利1项，湖北省重大科技成果3项，湖北省科技进步一等奖1项、二等奖1项，中国产学研合作创新成果奖和中国科学院科技促进奖一等奖1项，黄石市科技进步二等奖1项、三等奖2项。以上成果的推广及应用，使公司在鱼类新品种和新技术的研发领域占据了独特的优势。为此，公司被评为"农业新品种创新示范基地"、异育银鲫"中科5号"省级良种场、黄石市农业产业化重点龙头企业。公司生产的名优鱼类苗种辐射至全国 20 多个省（直辖市），每年推广面积达 100 余万亩，创造社会效益 10 亿元以上，为黄石市及周边地区水产业的健康快速发展做出了突出贡献。

（二）广州观星农业科技有限公司

广州观星农业科技有限公司，前身为广州华大锐护农业科技有限公司。自成立以来，一直从事受控式集装箱循环水绿色生态养殖技术的研发、示范推广和技术服务工作。2015 年，开始在河南试点应用以集装箱为载体的集装箱式养殖平台的水产养殖新模式。目前，已在全国 19 个省（自治区）以及埃及和缅甸大规模应用。该养殖模式环境友好、绿色生态，节水、节地，资源集约化利用，质量安全、品质提升，被列入农业农村部 2018 年 10 项重大引领性农业技术，也是水产类唯一入选技术。公司研发的集装箱养殖设备，具有完全自主知识产权，现已获得 10 多项专利，并完成 5 个绿色食品鱼认证，参与了 2 项行业标准的制定。公司通过多年的研究和不断的改造创新，已形成由第一代到第七代的全新升级版陆基推水式集装箱生态循环养殖平台。公司先后获得 2019 年范蠡科学技术奖科技进步类一等奖、神农中华农业科技奖三等奖。

参 考 文 献

艾庆辉，王道尊，1998. 镁对异育银鲫生长的影响 [C]. 上海水产大学学报（增刊），7（s）：148-153.

安苗，黄仕洪，李勇，2012. 普安鲫群体克隆组成的初步研究 [J]. 贵州农业科学，40（9）：176-179.

凹兴灿，2013. 稻田养殖彭泽鲫技术 [J]. 中国农业信息，15：140.

蔡春芳，王道尊，黄卫，等，1999. 异育银鲫对糖利用性的研究——饲料糖含量对生长、消化吸收率及体成分的影响 [J]. 苏州大学学报（自然科学），15（3）：87-90.

曹杰英，1985. 异育银鲫 [J]. 河北农业科技，8：29.

曹玮珈，包海蓉，潘镜，等，2015. 罗非鱼下脚料中鱼油的提取工艺研究进展 [J]. 食品工业，36（2）：217-222.

察创，1997. 种青养殖高背鲫技术 [J]. 科学养鱼，4：36.

常淑芳，刘长有，李秀颖，等，2014. 微孔增氧在异育银鲫中科 3 号成鱼养殖中的应用效果研究 [J]. 现代农业科技，16：254-261.

陈怀满，2005. 环境土壤学 [M]. 北京：科学出版社.

陈家林，2008. 异育银鲫必需脂肪酸需求及不同脂源营养价值的评价 [D]. 武汉：中国科学院水生生物研究所.

陈桢，1955. 金鱼家化史与品种形成的因素 [M]. 北京：科学出版社.

陈正荣，胡榴榴，陈霞，等，2013. 番茄酱调味鲫鱼制作工艺条件的研究 [J]. 食品工业科技，34（3）：274-280.

成强，孙桂尧，王其楼，2000. 异育银鲫池塘大规格鱼种培育技术 [J]. 科学养鱼，2：15.

程果锋，陆诗敏，刘兴国，等，2018. 基于人工湿地的循环水养殖系统运行效果研究 [J]. 渔业现代化，45（5）：45-50.

程磊，刘洋，鲁翠云，等，2013. 淇河鲫雌核发育克隆系鉴定与性状分析 [J]. 水产学杂志，26（6）：1-12.

崔悦礼，王修，1987. 滇池高背鲫的种群变异和利用问题 [J]. 淡水渔业，

3：27.

戴朝方，杨爱武，2006. 鲫鱼新贵——黄金鲫［J］. 黑龙江水产，2：1-9.

单元勋，瞿薇芬，1985. 河南淇河鲫 *Carassius auratus* 的生物学［J］. 河南师范大学学报（自然科学版），3：53-62.

邓博心，邹超，梁晨，等，2015. 龙池鲫鱼和异育银鲫的脂肪酸及风味物质的比较分析［J］. 食品工业科技，36（6）：157-170.

邓君明，张曦，康斌，等，2013. 滇池高背鲫和大头鲤肌肉主要营养成分分析与评价［J］. 营养学报，35（5）：496-498.

丁安子，王婧，王小红，等，2018. 鲫鱼酶解物复合调味品的造粒工艺研究及电子舌分析［J］. 中国调味品，43（3）：57-62.

丁德明，2010. 网箱养殖名优鲫鱼技术［J］. 湖南农业，1：24.

丁文岭，薛庆昌，张德顺，等，2012. 异育银鲫"中科 3 号"规模化半人工繁殖试验［J］. 水产养殖，33（11）：22-23.

段秀凤，2015. 北方地区鱼类安全越冬技术［J］. 黑龙江水产，4：34-36.

段元慧，2011. 异育银鲫幼鱼对五种维生素的需求量及泛酸、胆碱在高碳水化合物饲料中作用的研究［D］. 武汉：中国科学院水生生物研究所.

方旭，滕淑芹，杨建利，等，2017. "中科 3 号"异育银鲫池塘高产高效健康养殖技术［J］. 中国水产，3：91-92.

封克，王子波，王小治，等，2004. 土壤 pH 对硝酸根还原过程中 N_2O 产生的影响［J］. 土壤学报，41（1）：81-86.

冯建新，张西瑞，周晓林，等，2003. 淇河鲫的 RAPD 标记及遗传多样性［J］. 海洋湖沼通报，4：90-94.

冯荣甫，1995. 高背鲫成鱼养殖［J］. 农村经济与科技，6：24.

高宏伟，高志，2014. 池塘精养观赏性红鲫鱼的试验［J］. 科学养鱼，6：78-80.

高宏伟，王博涵，李晓春，等，2015. 不同培育密度对异育银鲫中科 3 号夏花苗种成活率的影响［J］. 现代农业科技，16：258-264.

高丽霞，2011. 淇河鲫 ISSR 和 Cytb 分子遗传特征的研究［D］. 新乡：河南师范大学.

龚明耀，1983. 异育银鲫生长快速［J］. 中国水产，8：21.

谷庆义，1994. 滇池高背鲫的生物学及其移植效果［J］. 齐鲁渔业，4：21-23.

顾晨涛，2019. 鲫鱼鱼鳞抗菌肽的制备、纯化及其果蔬保鲜应用研究［D］. 杭州：浙江工商大学.

管远亮，陈宇，王永杰，等，2000. 滁州鲫种群保护与合理利用［J］. 淡水渔业，9：30-32.

广东河源紫金县环境保护局，2009. 运用人工湿地治理农村生活污水［J］.
　建设科技，13：55.

桂建芳，梁绍昌，蒋一珪，1991. 人工三倍体水晶彩鲫雌性型间性体减数
　分裂的染色体行为［J］. 中国科学：化学生命科学地学，4：388-397.

桂建芳，梁绍昌，孙建民，等，1990. 鱼类染色体组操作的研究Ⅰ. 静水压
　休克诱导三倍体水晶彩鲫［J］. 水生生物学报，14（4）：336-344.

桂建芳，肖武汉，陈丽，等，1991. 人工三倍体水晶彩鲫的性腺发育［J］.
　动物学报，3：297-304.

桂建芳，肖武汉，梁绍昌，等，1995. 静水压休克诱导水晶彩鲫三倍体和
　四倍体的细胞学机理初探［J］. 水生生物学报，19（1）：49-55.

桂建芳，周莉，2010. 多倍体银鲫克隆多样性和双重生殖方式的遗传基础
　和育种应用［J］. 中国科学：生命科学，40（2）：97-103.

桂建芳，朱蓝菲，魏雪虹，等，1997. 雌核发育银鲫的遗传多样性及其育
　种意义［J］. 遗传（z1）：37-38.

桂建芳，2007. 鱼类性别和生殖的遗传基础及其人工控制［M］. 北京：科
　学出版社.

郭水荣，姜路辛，陈凌云，等，2018. 异育银鲫"中科3号"夏花鱼种高
　产培育技术［J］. 科学养鱼（1）：81.

韩娜，2011. 北方池塘鱼类安全越冬管理技术要点［J］. 黑龙江水产（4）：17-18.

郝教敏，姚玉莲，2011. 水产调味品鲫鱼汁的研制［J］. 山西农业大学学报
　（自然科学版），31（6）：545-550.

贺敏，王静凤，王倩睿，等，2015. 鲫鱼卵唾液酸糖蛋白对小鼠破骨细胞
　活性的影响［J］. 营养学报，37（1）：51-55.

贺汝良，张文华，1981. 西吉彩鲫简介［J］. 宁夏农业科技，1：43-44.

洪家春，2000. 鲫鱼80：20养殖试验与应用［J］. 江西水产科技，1：45.

胡世然，李正友，李勇，等，2010. 天然雌核发育普安鲫种质资源的保护
　及利用［J］. 贵州农业科学，38（5）：167-169.

黄国榕，2018. 黑鲫鱼汤治疗肝硬化腹水30例临床研究［J］. 国医论坛，
　33（1）：37-39.

黄仁国，李荣福，臧素娟，等，2012. 异育银鲫"中科3号"半人工繁殖
　技术［J］. 水产养殖，33（5）：1-2.

黄生民，秦长庚，潘淑英，等，1988. 滇池高背鲫和方正银鲫酯酶、乳酸

脱氢酶同工酶的比较研究 [J]. 动物学研究，9（1）：748-755.

纪峰，潘安君，李军，1998. 快速渗滤在小堡村污水治理中的应用 [J]. 北京水利，5：26-27.

贾旭龙，2012. 西北盐碱池塘主养异育银鲫鱼种试验 [J]. 渔业致富指南，16：68-69.

贾智英，孙效文，2006. 雌核发育三倍体方正银鲫研究进展 [J]. 水产学杂志，1：84-89.

姜进华，张如祥，赵林，等，2005. 水库网箱养殖优质鲫鱼技术 [J]. 中国水产，4：41-42.

姜祖蓓，张俊宏，2003. 异育银鲫干湿法人工授精效果之比较 [J]. 水产科技情报，4：45.

蒋明健，刘艳春，2019. 集装箱水产养殖技术 [J]. 渔业致富指南，505（1）：31-34.

缴建华,2005. 盐碱地养鱼池塘水质主要特征及其调节 [J]. 中国水产,4：62-63.

缴建华，包海岩，2000. 淡水池塘 80：20 模式养殖鲫鱼技术 [J]. 天津水产，4：27-29.

解旭升，2001. 80：20 主养鲫鱼高产技术 [J]. 科学养鱼，3：13.

金殿凯，刘君，等，2017. 异育银鲫"中科 3 号"高产高效养殖试验 [J]. 水产养殖，38（5）：20-22.

靳永胜，2007. 水库网箱养殖鲤鱼、鲫鱼技术的操作要点 [J]. 内蒙古农业科技，S1：177.

康怀彬，吴丹，肖枫，等，2009. 基于响应曲面法的糟鲫鱼腌制工艺优化 [J]. 食品研究与开发，30（9）：119-121.

孔令杰，杜业峰，杨秀，等，2018. 北方地区方正银鲫养殖技术 [J]. 科学养鱼，2：79-80.

雷晓中，朱勇夫，李金忠，等，2017. 四倍体异育银鲫长丰鲫池塘大规格鱼种培育试验 [J]. 养殖与饲料，4：12-14.

李爱杰，1996. 水产动物营养与饲料学 [M]. 北京：中国农业出版社.

李风波，周莉，桂建芳，2009. 新疆额尔齐斯河水系银鲫克隆多样性研究 [J]. 水生生物学报，33（3）：363-368.

李桂梅，2009. 异育银鲫幼鱼对饲料苏氨酸、亮氨酸、缬氨酸和异亮氨酸需求量的研究 [D]. 武汉：中国科学院水生生物研究所.

李桂梅，解绶启，雷武，等，2005. 异育银鲫幼鱼对饲料中缬氨酸需求量的研究 [J]. 水生生物学报，34 (6)：1157-1165.

李建，胡德群，袁红，1999. 赤小豆鲫鱼汤治疗肾病综合征水肿的食疗观察 [J]. 四川中医，17 (2)：29-30.

李旌旗，1991. 鲫鱼冲剂治疗异物性肺炎 [J]. 中兽医医药杂志，5：34-35.

李俊超，2002. 鲫鱼罐头的生产工艺 [J]. 肉类工业，7：12-13.

李林笑，夏炎，吴文锦，等，2017. 米曲霉发酵鲫鱼基料酿造鱼鲜酱油的工艺研究 [J]. 食品科技，42 (7)：265-272.

李名友，周莉，杨林，等，2002. 彭泽鲫的分子遗传分析及其与方正银鲫A系的比较 [J]. 水产学报，5：472-476.

李铁纯，侯冬岩，回瑞华，等，2019. 鲫鱼肉中 DHA 和 EPA 的分析 [J]. 鞍山师范学院学报，4：1-4.

李玮，钱敏，高光明，2010. 异育银鲫"中科3号"夏花培育技术 [J]. 科学养鱼，7：14.

李学军，刘洋洋，2012. 淇河鲫研究进展与开发策略 [J]. 淡水渔业，42 (6)：93-96.

李勇，宋慧，2005. 鱼露制品的研究开发 [J]. 中国调味品，10：22-26.

李玉梅，刘利民，贾文兰，2000. 鲫鱼赤小豆汤治疗高度水肿低蛋白血症 [J]. 黑龙江医药，13 (1)：45.

梁前进，1995. 金鱼起源及演化的研究 [J]. 生物学通报，3：14-16.

林金典，2016. 异育银鲫"中科3号"池塘高产健康养殖技术 [J]. 黑龙江水产，4：33-35.

林金火，1982. 五彩缤纷的西吉彩鲫 [J]. 中国水产，4：32.

林仕梅，曾端，叶元土，等，2003. 异育银鲫对四种维生素需要量的研究 [J]. 动物营养学报，15 (3)：43-47.

林易，陆露，2006. 网箱集约化养殖名优鲫鱼 [J]. 渔业致富指南，4：33.

林长全，2016. 黄金鲫网箱养殖技术要点 [J]. 科学养鱼，12：22-23.

凌武海，马明发，袁兆祥，等，2009. 滁州鲫·方正银鲫和彭泽鲫分子遗传差异的分析 [J]. 安徽农业科学，37 (28)：13482-13483.

凌武海，任信林，2011. 天然滁州鲫氨基酸成分分析与营养价值评价 [J]. 水产养殖，32 (1)：50-52.

刘波，2019. 集装箱循环水养殖技术 [J]. 黑龙江水产，2：33-35.

刘成杰，张志明，马徐发，等，2015. 新疆额尔齐斯河银鲫年龄鉴定比较

与生长特征研究 [J]. 水生态学杂志，36（6）：51-58.

刘贵仁，2014. 稻田养殖黄金鲫技术 [J]. 黑龙江水产，1：23-24.

刘家丰，2004. 80：20 池塘养殖鲫鱼技术 [J]. 渔业致富指南，23：25-26.

刘金炉，1994. 彭泽鲫良种生产技术操作规程 [J]. 中国水产，12：23-24.

刘新轶，冯晓宇，姚桂桂，等，2014. 异育银鲫"中科 3 号"冬片鱼种高产培育试验 [J]. 科学养鱼，11：84-85.

柳鹏，祖岫杰，刘艳辉，等，2016. 异育银鲫"中科 3 号"盐碱池塘健康养殖试验 [J]. 水产科技情报，43（1）：54-56.

楼允东，张朝阳，2015. 稀世之珍——西吉彩鲫 [J]. 科学养鱼，11：76-77.

楼允东，2017. 江西"第四红"——萍乡红鲫 [J]. 科学养鱼，6：84-85.

陆建平，周卫华，杨洁，等，2017. 异育银鲫"长丰鲫"鱼种培育试验 [J]. 科学养鱼，4：9-10.

罗昭伦，2019. 邮亭鲫鱼香九州 [J]. 中国地名，4：70-71.

麻泽龙，周芸，王朝勇，等，2009. 养殖废水处理与高效再利用系统的设计 [J]. 中国给水排水，25（6）：44-47.

马波，霍堂斌，李喆，等，2013. 额尔齐斯河 2 种类型雌性银鲫的形态特征及 $D\text{-}loop$ 基因序列比较 [J]. 中国水产科学，20（1）：157-165.

马志英，2009. 异育银鲫对饲料精氨酸、组氨酸、苯丙氨酸、色氨酸和牛磺酸的需求量研究 [D]. 武汉：中国科学院水生生物研究所.

马志英，朱晓鸣，解绶启，等，2005. 异育银鲫幼鱼对饲料苯丙氨酸需求的研究 [J]. 水生生物学报，34（5）：1012-1021.

孟范平，宫艳艳，2009. 基于微藻的水产养殖废水处理技术研究进展 [J]. 微生物学报，49（6）：691-696.

孟玮，郭焱，海萨，等，2010. 额尔齐斯河银鲫形态学及 COI 基因序列分析 [J]. 淡水渔业，40（5）：22-26.

李谷，吴振斌，侯燕松，2004. 养殖水体氨氮污染生物修复技术研究 [J]. 大连水产学院学报，19（4）：281-286.

裴之华，解绶启，雷武，等，2005. 长吻鮠和异育银鲫对玉米淀粉利用差异的比较研究 [J]. 水生生物学报，29（3）：239-246.

钱福根，陈惠刚，1993. 方正银鲫原种的繁育与利用 [J]. 科学养鱼，1：9-10.

钱文敏，2006. 改进型地下渗滤系统处理生活污水的初步研究 [D]. 昆明：昆明理工大学.

钱雪桥，2001. 长吻鮠和异育银鲫幼鱼饲料蛋白需求的比较营养能量学研

究 ［D］. 武汉：中国科学院水生生物研究所 .

邱文彬，2017. 异育银鲫"中科 3 号"池塘高产健康养殖试验 ［J］. 科学养
　　鱼，10：79-81.

邵世秋，王兴礼，2010. 鲫鱼方便食品的加工 ［J］. 科学养鱼，7：69-70.

沈建筑，李潇轩，李志辉，等，2019. 浅析淡水养殖尾水处理技术及达标
　　排放措施 ［J］. 水产养殖，40（5）：37-39.

沈俊宝，范兆廷，王国瑞，1983. 黑龙江一种银鲫（方正银鲫）群体三倍
　　体雄鱼的核型研究 ［J］. 遗传学报，10（2）：133-136.

沈丽红，郑诚，徐霞倩，等，2019. 异育银鲫"中科 5 号"鱼种养殖试验
　　［J］. 科学养鱼，6：8.

舒琥，张海发，陈湘粦，等，2001. 异精激发彭泽鲫雌核发育后代的比较
　　研究 ［J］. 中山大学学报论丛，3：5-10.

孙素荣，张大铭，姜涛，等，1997. 额尔齐斯河"杂交"银鲫血细胞形态
　　结构的观察 ［J］. 新疆大学学报（自然科学版），3：64-68.

孙铁珩，杨翠芬，赵学群，1998. 城市污水土地处理适宜性评价系统 ［J］.
　　中国环境科学，6：506-509.

孙兴旺，1986. 淇河鲫的生物学特征 ［J］. 淡水渔业，2：5-8.

谭丽盈，张秋霞，2017. 冬瓜皮炖鲫鱼解腹胀 ［J］. 农家之友，10：16.

汤峥嵘，王道尊，1998. 异育银鲫及青鱼对饲料中钙、磷需要量的研究
　　［J］. 上海水产大学学报（增刊），7（s）：140-146.

陶乃纾，戚少燕，赵从钧，1990. 异育银鲫系列养殖技术及其生物学特性
　　的研究 ［J］. 安徽农业科学，1：70-77.

万里，2019. 山药豆腐鲫鱼汤对食管癌病人术后切口的干预研究 ［J］. 智慧
　　健康，5（17）：112-113.

汪兰，陈春松，吴文锦，等，2016. 鲫鱼复合酶解产物风味成分及营养特
　　性分析 ［J］. 中国调味品，41（12）：47-58.

汪文忠，2017. 淡水养殖尾水处理探析 ［J］. 渔业致富指南，2：25-27.

汪小玲，孙金才，2015. 鲫鱼鱼松的工艺研究 ［J］. 农产品加工，2：36-37.

汪学杰，1991. 优良新品种——彭泽鲫 ［J］. 科学养鱼，5：13-14.

汪艳玲，2007. 稻田养殖名优鲫鱼技术 ［J］. 黑龙江水产，3：37-38.

王爱民，徐跑，李沛，等，2008. 异育银鲫饲料中适宜脂肪需求量研究
　　［J］. 上海海洋大学学报，17（6）：661-667.

王昌辉，2016. 高背鲫人工繁育技术 ［J］. 安徽农学通报，22（7）：

112-113.

王春元，李延龄，1987. 西吉彩鲫染色体组型的研究 [J]. 遗传，2：25-26.

王春元，1984. 我国金鱼品种的分类与命名 [J]. 淡水渔业，4：30-33.

王道尊，冷向军，1996. 异育银鲫对维生素 C 需要量的研究 [J]. 上海水产大学学报，5 (4)：240-245.

王锦林，朱晓鸣，雷武，等，2005. 异育银鲫幼鱼对饲料中维生素 B_6 需求量的研究 [J]. 水生生物学报，35 (1)：98-104.

王锦林，2007. 异育银鲫对维生素 B_2、维生素 B_6 和烟酸的需求量的研究 [D]. 武汉：中国科学院水生生物研究所.

王君凤，2018. 北方地区鱼塘鱼类安全越冬管理技术 [J]. 农民致富之友，570 (1)：105.

王平，2013. 污水回用与火电厂循环冷却水处理技术问答 [M]. 北京：中国电力出版社.

王茜，董仕，张学成，2001. 彭泽鲫繁殖特性的研究 [J]. 南开大学学报（自然科学版），4：103-106.

王倩倩，吕顺，陆剑锋，等，2015. 酶法提取罗非鱼内脏鱼油及脂肪酸组成分析 [J]. 中国粮油学报，30 (9)：72-78.

王巧巧，2017. 鲫鱼鱼鳞抗菌肽的制备、抑菌机理及应用研究 [D]. 杭州：浙江工商大学.

王文婷，苏博，杜丹丹，等，2019. 酶解法提取鲫鱼下脚料中鱼油的工艺研究 [J]. 兰州文理学院学报（自然科学版），33 (3)：48-52.

王晓梅，郭立，1999. 金鱼起源和系统演化的研究进展 [J]. 天津农学院学报，1：27-30.

王晓明，杨振久，2018. 鲫鱼主要养殖品种（系）及其生产性能评介 [J]. 渔业致富指南，2：35-39.

王兴礼，邵世秋，2000. 异育银鲫的稻田养殖技术 [J]. 渔业致富指南，15：18.

王兴礼，2009. 茄汁鲫鱼软罐头的加工工艺研究 [J]. 中国水产，9：55-56.

王兴礼，2010. 茄汁鲫鱼软罐头加工技术 [J]. 农村新技术，16：33-34.

王咏星，魏凌基，钱龙，等，1995. 黑鲫染色体组型分析 [J]. 石河子农学院学报，2：41-44.

王震，欧阳月，万星山，2013. 稻田主养湘云鲫高产技术 [J]. 科学养鱼，4：21-22.

魏友海，2007. 鲫鱼的经济价值与食用 [J]. 科学养鱼，9：78.

文力，2001. 金鱼的品种 [J]. 中国动物保健，11：24-26.

小林弘，杨兴棋，1981. 鲫鱼的分类以及银鲫中所见到的雌核发育的细胞遗传学研究 [J]. 淡水渔业，1：36-40.

吴丹，康怀彬，周海涛，等，2008. 糟鲫鱼软罐头加工工艺 [J]. 科学养鱼，11：69-70.

吴华，2011. 北方地区高背鲫池塘养殖技术 [J]. 黑龙江水产，3：18-20.

吴明林，李海洋，侯冠军，等，2012. 滁州鲫种质资源现状与选育技术探讨 [J]. 浙江海洋学院学报（自然科学版），31（6）：554-558.

吴群，张川，1996. 彭泽鲫的人工繁殖技术 [J]. 安徽农业，1：25.

夏启泉，许慧卿，2005. 鲫鱼浓汤的制作工艺及营养分析 [J]. 扬州大学烹饪学报，3：24-26.

项爱枝，鲁昭，2011. 慢速渗滤土地处理技术在处理某养猪场废水中的应用 [J]. 吉林农业，2：155-157.

谢放华，1997. 各色鲫鱼罐头的生产工艺 [J]. 食品科学，3：63-65.

谢小平，丁华林，王春林，2014. 异育银鲫养殖及病害防治技术 [J]. 江西水产科技，4：30-32.

徐广友，万全，袁兆祥，等，2009. 滁州鲫雌核发育的细胞学研究 [J]. 安徽农业大学学报，36（4）：533-537.

徐金根，王建民，曹烈，等，2018. 彭泽鲫苗种培育新技术 [J]. 水产养殖，39（2）：34-36.

徐伟，曹顶臣，李池陶，等，2005. 水晶彩鲫、红鲫、锦鲤、荷包红鲤杂交子代的生长和体色研究 [J]. 水产学报，3：339-343.

徐伟，曹顶臣，李池陶，等，2006. 肉白水晶彩鲫和红鲫杂交的遗传学 [J]. 动物学杂志，41（5）：1-6.

徐伟，李池陶，曹顶臣，等，2007. 水晶彩鲫、红鲫和锦鲤的腹膜脏层黑色素观察 [J]. 中国水产科学，14（1）：144-148.

徐新阳，于锋，2003. 污水处理工程设计 [M]. 北京：化学工业出版社.

徐亚丽，2009. 方正银鲫的病害防治技术 [J]. 黑龙江水产，2：26-27.

许祺源，1996. 对中国金鱼品种形成原因的浅见 [J]. 科学养鱼，8：35-36.

薛凌展，樊海平，邓志武，等，2017. 池塘网箱气提循环水培育异育银鲫"中科 3 号"夏花初探 [J]. 科学养鱼，6：81-82.

薛凌展，樊海平，吴斌，等，2011. 异育银鲫"中科 3 号"黏孢子虫病的

鲫鱼 绿色高效养殖技术与实例 >>>

诊断与防治 [J]. 科学养鱼, 12: 60.

严晖, 杨雄, 2000. 滇池高背鲫繁殖技术 [J]. 淡水渔业, 7: 6-7.

杨锦国, 杨泱, 2011. 千金鲫鱼汤治疗女性特发性水肿疗效观察 [J]. 内蒙古中医药, 30 (15): 7.

杨晶晶, 张妍, 张文术, 等, 2015. 线鳞型黄金鲫 (框鳞镜鲤♀×红鲫♂) mtDNA 及同工酶的遗传分析 [J]. 河北渔业, 9: 1-3.

杨平凹, 2015. 异育银鲫 "中科 3 号" 水花至夏花苗种培育技术初探 [J]. 水产养殖, 36 (11): 17-18.

杨萍, 谭焱文, 2010. 红鲫鱼网箱养殖技术 [J]. 河南水产, 1: 17.

杨文涛, 刘春平, 文红艳, 2007. 浅谈污水土地处理系统 [J]. 土壤通报, 38 (2), 394-398.

杨祥, 胡兰, 2019. 滇池高背鲫人工繁殖技术 [J]. 云南农业, 4: 66-68.

姚春军, 徐秀林, 施顺昌, 等, 2014. 异育银鲫夏花培育若干问题探讨 [J]. 渔业致富指南, 18: 36-37.

姚红伟, 吴明, 石建香, 2016. 金鱼起源及遗传多样性研究进展 [J]. 河北渔业, 9: 53-55.

姚纪花, 楼允东, 江涌, 1998. 我国六个地区银鲫种群线粒体 DNA 多态性的研究 [J]. 水产学报, 22 (4): 289-295.

姚纪花, 楼允东, 2000. 三种群银鲫的 RAPD 分析初报 [J]. 上海水产大学学报, 1: 11-14.

叶玉珍, 1998. 预防高背鲫春季流产的技术措施 [J]. 渔业致富指南, 5: 22.

叶泽雄, 叶林, 王正印, 等, 2003. 高背鲫性腺与肝脏发育关系试验 [J]. 水产科技, 4: 25-26.

尹洪滨, 石连玉, 李丽坤, 1999. 方正银鲫肌肉营养成分分析 [J]. 水产学杂志, 12 (1): 53-56.

尹永波, 崔迎松, 彭福, 等, 2005. 滁州鲫生物学特性及其苗种培育技术 [J]. 中国水产, 4: 43.

于兆云, 2012. 网箱无公害养殖彭泽鲫技术 [J]. 科学养鱼, 2: 25-26.

余同章, 1997. 稻鱼轮作田饲养鲫鱼技术 [J]. 中国农村科技, 6: 33.

俞汉青, 顾国维, 1992. 生物膜反应器挂膜方法的试验研究 [J]. 中国给水排水, 3: 13-17.

俞豪祥, 徐皓, 关宏伟, 等, 1988. 天然雌核发育普安鲫的生物学特性的研究 [J]. 水生生物学报 22 (增刊): 16-25.

俞豪祥，徐皓，关宏伟，1992. 天然雌核发育贵州普安鲫（A 型）染色体组型的初步研究［J］. 水生生物学报，1：87-89.

俞豪祥，宗琴仙，关宏伟，等，1991. 天然雌核发育普安鲫（A 型）细胞遗传学和血清电泳的初步研究［J］. 水产科技情报，5：130-134.

袁铭道，1986. 美国水污染控制和发展概况［M］. 北京：中国环境科学出版社.

张金哲，高倩倩，2017. 鲤鱼内脏鱼油提取工艺的优化［J］. 肉类工业，9：31-35.

张君，王冬妍，杜翠荣，2018. 黄金鲫鱼和异育银鲫鱼营养成分的比较分析［J］. 新农业，17：8-11.

张凯松，周启星，孙铁珩，2003. 小城镇无害化资源化水处理技术研究与应用［J］. 中国工程科学，5（2）：88-92.

张克俭，万全，李公行，等，1995. 滁州鲫染色体组型的研究［J］. 中国水产科学，4：8-15.

张克俭，万全，李公行，等，1996. 滁州鲫的形态学和血清蛋白电泳谱型［J］. 水产学报，4：352-356.

张萍，赵振伦，杨沁芳，2001. 鲫鱼营养研究进展及其配合饲料营养标准探讨［J］. 浙江海洋学院学报（自然科学版），20（B9）：46-50.

张瑞雪，1994. 优良养殖品种——彭泽鲫［J］. 农村百事通，5：40.

张帅，2018. 北方地区网箱养殖方正银鲫成鱼技术措施［J］. 农民致富之友，15：148.

张小东，2012. "中科 3 号"异育银鲫夏花苗种培育和推广养殖试验［J］. 科学养鱼，11：5-6.

张学师，袁圣，2011. 射阳县异育银鲫池塘养殖病害发生原因及防治对策［J］. 渔业致富指南，9：56-58.

张喆，梁鹏，许艳萍，等，2017. 酶解法提取大黄鱼内脏鱼油的工艺研究［J］. 食品研究与开发，38（1）：112-116.

赵博玮，李建政，邓凯文，等，2015. 木质框架土壤渗滤系统处理养猪废水厌氧消化液的效能［J］. 化工学报，66（6）：2248-2255.

赵节昌，2009. 营养美味的酥煸鲫鱼［J］. 科学养鱼，7：84.

赵金奎，2006. 彭泽鲫人工繁育技术［J］. 科学养鱼，3：11.

赵晓进，田华香，多甜，2017. 3 个淇河鲫群体的形态差异与判别分析［J］. 河南师范大学学报（自然科学版），45（4）：92-95.

郑远洋，2017. 稻田养殖方正银鲫技术要点［J］. 黑龙江水产，2：25-27.

钟小庆，吴亚梅，尹立鹏，2019. 受控式集装箱循环水绿色生态养殖技术［J］. 渔业致富指南，509（5）：39-42.

周慧，2018. 异育银鲫"中科5号"冬片鱼种池塘培育技术［J］. 科学养鱼，10：11-12.

周丽斌，许冬梅，侯玉兰，2008. 淡水鱼养殖新品种—黄金鲫［J］. 科学种养，9：50.

周倩，滕建北. 正交实验法优选鲫鱼胆挥发油提取工艺［J］. 亚太传统医药，11（21）：27-29.

周贤君，解绶启，谢从新，等，2006. 异育银鲫幼鱼对饲料中赖氨酸的利用及需要量研究［J］. 水生生物学报，30（3）：247-255.

周贤君，2005. 异育银鲫对晶体赖氨酸和蛋氨酸的利用及需求量研究［D］. 武汉：华中农业大学.

周晓春，2015. 鲫鱼卵唾液酸糖蛋白对老年性骨质疏松症小鼠的改善作用研究［D］. 青岛：中国海洋大学.

朱君舜，2000. 北方池塘80：20主养鲫鱼技术操作规程［J］. 中国水产，4：25.

朱晓荣，沈全华，褚秋芬，等，2012. 潜流湿地技术在高密度养殖尾水处理中的应用［J］. 水产养殖，33（10）：17-23.

朱秀灵，戴清源，蔡为荣，等，2010. 响应面法优化鲫鱼鱼鳞酸溶性胶原蛋白提取工艺［J］. 食品工业科技，31（11）：247-251.

朱于来，2008. 异育银鲫池塘高效健康养殖技术［J］. 渔业致富指南，23：44-45.

朱泽闻，舒锐，谢骏，2019. 集装箱式水产养殖模式发展现状分析及对策建议［J］. 中国水产，521（4）：28-30.

卓勋良，2001. 异育银鲫种苗生产及鱼种培育［J］. 科学养鱼，12（1）：15.

邹民，孔令杰，张毅，等，2001. 淡水池塘80：20主养鲫鱼模式高产高效技术［J］. 黑龙江水产，1：21-22.

Bogutskaya N G, Naseka A M, 2004. Catalog of agnatha and fish of fresh and Brackish waters of Russia with nomenclature and taxonomic commentaries［M］. Moscow：KMK Scientific Press Ltd.

Check G G, Waller D H, Lee S A, et al., 1994. The lateral-flow sand-filter system for septic-tank effluent treatment［J］. Water Environment Research, 66（7）：919-928.

Chen J L, Zhu X M, Han D, et al., 2011. Effect of dietary n-3 HUFA on growth performance and tissue fatty acid composition of gibel carp (*Carassius auratus gibelio*) [J]. Aquaculture Nutrition, 17: e476-e485.

Cherfas N B, 1981. Genetic Bases of Fish Selection [M]. New York: Springer-Verlag.

Costa-Pierce B A, 1998. Preliminary investigation of an integrated aquaculture-wetland ecosystem using tertiary-treated municipal wastewater in Los Angeles County, California [J]. Ecological Engineering, 10: 341-354.

David R T, Harish B, Ronald R, 2012. Constructed wetland as recirculation filter in large-scale shrimp aquiculture [J]. Aquacultural Engineering, 26: 81-109.

Davidson J, Good C, Welsh C, Summerfelt S T, 2014. Comparing the effects of high vs low nitrate on the health, performance, and welfare of juvenile rainbow trout Oncorhynchus mykiss within water recirculating aquaculture systems [J]. Aquacultural Engineering, 59: 30-40.

Duan Y, Zhu X, Han D, et al., 2012. Dietary choline requirement in slight methionine-deficient diet for juvenile gibel carp (*Carassius auratus gibelio*) [J]. Aquaculture Nutrition, 18 (6): 620-627.

Gao F X, Lu W J, Wang Y, et al., 2018. Differential expression and functional diversification of diverse immunoglobulin domain-containing protein (DICP) family in three gynogenetic clones of gibel carp [J]. Developmental and Comparative Immunology, 84: 396-407.

Gerstmeir R, Roming T, Heukels P, et al., 1998. Zoetwater vissen van Europa [M]. Germany: Baarn Tirion Natuur.

Goddek S, Delaide B, Mankasingh U, et al., 2015. Challenges of Sustainable and Commercial Aquaponics [J]. Sustainability, 7 (4): 4199-4224.

Gong W, Lei W, Zhu X, et al., 2014. Dietary myo-inositol requirement for juvenile gibel carp (*Carassius auratus gibelio*) [J]. Aquaculture Nutrition, 20 (5): 514-519.

Gravel V, Dorais M, Dey D, et al., 2015. Fish effluents promote root growth and suppress fungal diseases in tomato transplants [J]. Canadian Journal of Plant Science, 95 (2): 427-436.

Han D, Liu H K, Liu M, et al., 2012. Effect of dietary magnesium supplementation on the growth performance of juvenile gibel carp, *Carassius auratus gibelio* [J]. Aquaculture Nutrition, 18: 512-520.

Han D, Xie S Q, Liu M, et al. , 2011. The effects of dietary selenium on growth performances, oxidative stress and tissue selenium concentration of gibel carp (*Carassius auratus gibelio*)[J]. Aquaculture Nutrition, 17: e741-e749.

Hanfling H, Bolton P, Harley M, et al. , 2005. A molecular approach to detect hybridisation between crusian carp (*Carassius carassius*) and non-indigenous carp species (*Carassius* spp. and *Cyprinus carpio*) [J]. Freshwater Biology, 50: 403-417.

Harada K, Wakatsuki T, 1997. Advanced treatment for livestock wastewater by MSL system. In Proceedings of the 31st Annual Conference of Japanese Society of Water Environment Tokyo, Japanese Society of Water Environment, Tokyo, Japan (p. 140) .

Healy K A, May R M, 1982. Seepage and pollution renovation analysis for land treatment, Sewage disposal systems [J]. Department of Environmental Protection.

Heathwaite A L, 1990. The effect of drainage on nutrient release from fen peat and its implications for water quality-a laboratory simulation [J]. Water, Air and Soil Pollution, 49 (1-2): 159-173.

Jiang F F, Wang Z W, Zhou L, et al. , 2013. High male incidence and evolutionary implications of triploid form in northeast Asia *Carassius auratus* complex [J]. Molecular Phylogenetics and Evolution, 66 (1): 350-359.

Kalous L, Slechtova V, Bohlen J, et al. , 2007. First European record of-*Carassius langsdorfii* from the Elbe Basin [J]. Journal of Fish Biology, 70: 132-138.

Kottelat M, 1997. European Freshwater Fishes [J]. Biologia, 52 (Suppl. 5): 1-271.

Kottelat M, Freyhof J, 2007. Handbook of European freshwater fishes [M]. Switzerland: Publications Kottelat.

Leite T D, de Freitas R M O, Nogueira N W, et al. , 2017. The use of saline aquaculture effluent for production of Enterolobium contortisiliquum seedlings [J]. Environmental science and pollution research international, 24 (23): 19306-19312.

Li F B, Gui J F. , 2008. Clonal diversity and genealogical relationships of

gibel carp in four hatcheries [J]. Animal Genetics, 39 (1): 28-33.

Li M, Liang Z L, Callier M D, et al. , 2018. Nitrogen and organic matter removal and enzyme activities in constructed wetlands operated under different hydraulic operating regimes [J]. Aquaculture, 496: 247-254.

Li X S, Zhu X M, Han D, et al. , 2016. Carbohydrate utilization by herbivorous and omnivorous freshwater fish species: a comparative study on gibel carp (*Carassius auratus gibelio*. var CAS Ⅲ) and grass carp (*Ctenopharyngodon idellus*) [J]. Aquaculture Research, 47 (1): 128-139.

Li Z, Liang H W, Wang Z W, et al. , 2016. A novel allotetraploid gibel carp strain with maternal body type and growth superiority [J]. Aquaculture, 458: 55-63.

Lin Y F, Jing S R, Lee D Y, et al. , 2006. Use of constructed wetlands in treating recirculating aquaculture water for in-door intensive shrimp production. In MB Beck, A Speers [J]. Water and Environmental Management, 10: 161-170.

Liousia V, Liasko R, Koutrakis E, et al. , 2008. Variation in clones of the sperm-dependent parthenogenetic*Carassius gibelio* (Bloch) in Lake Pamvotis (north-west Greece) [J]. Journal of Fish Biology, 72 (1): 310-314.

Liu J H, Cui Y, Li L D, et al. , 2017. The mediating role of sleep in the fish consumption -cognitive functioning relationship: a cohort study [J]. Scientific Reports, 7 (1): 17961.

Liu X L, Jiang F F, Wang Z W, et al. , 2017. Wider geographic distribution and higher diversity of hexaploids than tetraploids in *Carassius* species complex reveal recurrent polyploidy effects on adaptive evolution [J]. Scientific Reports, 7 (1): 5395.

Liu X L, Li X Y, Jiang F F, et al. , 2017. Numerous mitochondrial DNA haplotypes reveal multiple independent polyploidy origins of hexaploids in*Carassius* species complex [J]. Ecology and Evolution, 7 (24): 10604-10615.

Lopardo C R, Zhang L, Mitsch W J, et al. , 2019. Comparison of nutrient retention efficiency between vertical-flow and floating treatment wetland mesocosms with and without biodegradable plastic [J]. Ecological Engi-

鲫鱼 绿色高效养殖技术与实例 >>>

Masunaga T, Sato K, Wakatsuki T, 2002. Wastewater purification characteristics by multi-soil-layering method [J]. Environmental Technology, 31 (12): 39-46 (in Japanese).

Nelson T, Mceachron D, Freedman W, et al., 2003. Cold acclimation increases gene transcription of two calcium transport molecules, calcium transporting ATPase and parvalbumin beta, in*carassius auratus* lateral musculature [J]. Journal of Thermal Biology, 28 (3): 227-234.

Normia J, Niinivirta-Joutsa K, Isolauri E, et al., 2019. Perinatal nutrition impacts on the functional development of the visual tract in infants [J]. Pediatric Research, 85 (1): 72-78.

Pan L, Xie S, Zhu X, et al., 2009. The effect of different dietary iron levels on growth and hepatic iron concentration in juvenile gibel carp (*Carassius auratus gibelio*) [J]. Journal of Applied Ichthyology, 25 (4): 428-431.

Pan L, Zhu X, Xie S, et al., 2008. Effects of dietary manganese on growth and tissue manganese concentrations of juvenile gibel carp, *Carassius auratus gibelio* [J]. Aquaculture Nutrition, 14 (5): 459-463.

Pei Z, Xie S, Lei W, et al., 2004. Comparative study on the effect of dietary lipid level on growth and feed utilization for gibel carp (*Carassius auratus gibelio*) and Chinese longsnout catfish (*Leiocassis longirostris* Gunther) [J]. Aquaculture Nutrition, 10 (4): 209-216.

Quijano G, Arcila J S, Buitrón G, 2017. Microalgal-bacterial aggregates: applications and perspectives for wastewater treatment [J]. Biotechnology Advances, 35 (6): 772-781.

Richmond A, Hu Q, 2013. Handbook of microalgal culture: applied phycology and biotechnology [M]. USA: John Wiley & Sons.

Sakai H, Iguchi K, Yamazaki Y, et al., 2009. Morphological and mtDNA sequence studies on three crucian carps (*Carassius*: Cyprinidae) including a new stock from the Ob River system, Kazakhstan [J]. Journal of Fish Biology, 74 (8): 1756-1773.

Shao L Y, Han D, Yang Y X, et al., 2018. Effects of dietary vitamin C on growth, gonad development and antioxidant ability of on-growing gibel carp (*Carassius auratus gibelio* var. CAS Ⅲ) [J]. Aquaculture Research,

176

49 （3）：1242-1249.

Shao L Y, Zhu X M, Yang Y X, et al. , 2016. Effects of dietary vitamin A on growth, hematology, digestion and lipometabolism of on-growing gibel carp (*Carassius auratus gibelio* var. CAS Ⅲ) [J]. Aquaculture, 460: 83-89.

Shi L L, Jin M J, Shen M X, et al. , 2019. Using *ipomoea aquatic* as an environmental-friendly alternative to *Elodea nuttallii* for the aquaculture of Chinese mitten crab [J]. Peer J, 7: e6785.

Shifflett S D, Culbreth A, Hazel D, et al. , 2016. Coupling aquaculture with forest plantations for food, energy, and water resiliency [J]. Science of the Total Environment, 571: 1262-1270.

Song Y, Huang Y T, Ji H F, et al. , 2015. Treatment of turtle aquaculture effluent by an improved multi-soil-layer system [J]. Journal of Zhejiang University-SCIENCE B, 16 (2): 145-154.

Sri-uam P, Donnuea S, Powtongsook S, et al. , 2016. Integrated multi-trophic recirculating aquaculture system for Nile Tilapia (*Oreochlomis niloticus*) [J]. Sustainability, 8 (7), 592.

Tian W J, Qiao K L, Yu H B, et al. , 2016. Remediation of aquaculture water in the estuarine wetlands using coal cinder-zeolite balls/reed wetland combination strategy [J]. Journal of Environmental Management, 181: 261-268.

Toth B, Varkonyi E, Hidast A, et al. , 2005. Genetic analysis of offspring from intra-and interspecific crosses of *Carassius auratus gibelio* by chromosome and RAPD analysis [J]. Journal of Fish Biology, 66 (3): 784-797.

Tu Y Q, Xie S Q, Han D, et al. , 2015a. Dietary arginine requirement for gibel carp (*Carassis auratus gibelio* var. CAS Ⅲ) reduces with fish size from 50 g to 150 g associated with modulation of genes involved in TOR signaling pathway [J]. Aquaculture, 449: 37-47.

Tu Y Q, Xie S Q, Han D, et al. , 2015b. Growth performance, digestive enzyme, transaminase and GH-IGF-I axis gene responsiveness to different dietary protein levels in broodstock allogenogynetic gibel carp (*Carassius auratus gibelio*) CAS Ⅲ [J]. Aquaculture, 446: 290-297.

Vekhov D A, 2008. Population of silver crucian carp *Carassius auratus*

(Cypriniformes, Cyprinidae) with "golden" individuals in the pond of the city of volgograd [J]. Journal of Ichthyology, 48 (4): 326-335.

Vetesnik L, Papousek I, Halacka K, et al., 2007. Morphometric and genetic analysis of *Carassius auratus* complex from an artificial wetland in Morava River floodplain, Czech Republic [J]. Fisheries Science, 73 (4): 817-822.

Wang L, Pan B, Gao Y, et al., 2019. Efficient membrane microalgal harvesting: pilot-scale performance and techno-economic analysis [J]. Journal of Cleaner Production, 218: 83-95.

Werner T, Kumar R, Horvath I, et al., 2018. Abundant fish protein inhibits α-synuclein amyloid formation [J]. Scientific Reports, 8 (1): 5465.

Xie D D, Han D, Zhu X, et al., 2017. Dietary available phosphorus requirement of on-growing gibel carp (*Carassius auratus gibelio* var. CAS Ⅲ) [J]. Aquaculture Nutrition, 23 (5): 1104-1112.

Xie D D, Zhu X M, Yang Y X, et al., 2018. Dietary available phosphorus requirement for juvenile gibel carp (*Carassius auratus gibelio* var. CAS Ⅲ) [J]. Aquaculture Research, 49 (3): 1284-1292.

Ye Q, Ohtake H, Toda K, 1988. Phosphorus removal by pure and mixed cultures of microorganisms [J]. Journal of Fermentation Technology, 66 (2), 207-212.

Ye W, Han D, Zhu X, et al., 2015. Comparative studies on dietary protein requirements of juvenile and on-growing gibel carp (*Carassius auratus gibelio*) based on fishmeal-free diets [J]. Aquaculture Nutrition, 21 (3): 286-299.

Ye W, Han D, Zhu X, et al., 2016. Comparative study on dietary protein requirements for juvenile and pre-adult gibel carp (*Carassius auratus gibelio* var. CAS Ⅲ) [J]. Aquaculture Nutrition, 23 (4): 755-765.

Zhou J, Han D, Jin J, et al., 2014. Compared to fish oil alone, a corn and fish oil mixture decreases the lipid requirement of a freshwater fish species, *Carassius auratus gibelio* [J]. Aquaculture, 428-429: 272-279.

Zhou L, Wang Y, Gui J F, et al., 2000. Genetic evidence for gonochoristic reproduction in gynogenetic silver crucian carp (*Carassius auratus gibelio* Bloch) as revealed by RAPD assays [J]. Journal of Molecular Evolution, 51 (5): 498-506.

彩图 1　形态各异的金鱼(余鹏拍摄)

彩图 2　形态各异的水晶彩鲫(鲁蒙拍摄)

彩图 3　萍乡肉红鲫(洪一江拍摄)

彩图 4　高背鲫外部形态

彩图 5　异育银鲫"中科 3 号"外部形态

彩图 6　异育银鲫"中科 3 号"与高背鲫肝脏对比

彩图 7　长丰鲫外部形态

彩图 8　异育银鲫"中科 5 号"外部形态

彩图 9　鲫造血器官坏死症（习丙文提供）

彩图 10 鲫鱼暴发性出血病症状(习丙文提供)

彩图 11 鲫鱼大红鳃病症状(习丙文提供)

彩图 12 鲫鱼细菌性烂鳃病症状(习丙文提供)

彩图 13　鲫鱼竖鳞病症状（习丙文提供）

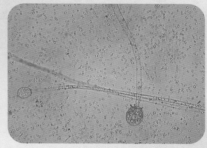

彩图 14　鲫鱼水霉病症状（习丙文提供）

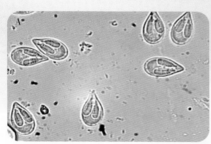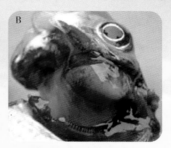

彩图 15　鲫鱼黏孢子虫病症状

（A. 成熟孢子　B. 喉孢子虫病　C. 肤孢子虫病　D. 腹孢子虫病）

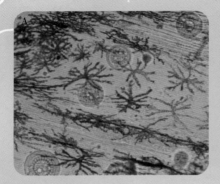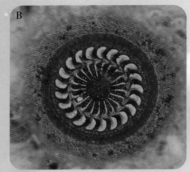

彩图 16　车轮虫形态

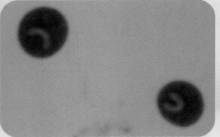

彩图 17　金鱼感染小瓜虫症状（上）及小瓜虫形态（下）

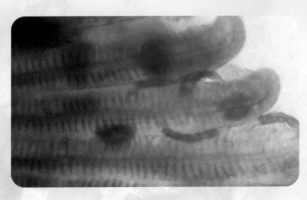

彩图 18　鱼鳃部感染指环虫（左）及指环虫形态（右）

彩图 19　鲫鱼锚头鳋病(左)及锚头鳋形态(右)

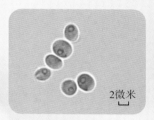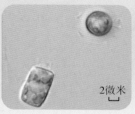

2微米　　2微米　　2微米

彩图 20　水产养殖领域广泛应用的小球藻(左)、栅藻(中)和
　　　　　小环藻(右)的显微照片(王红霞提供)

彩图 21　在光生物反应器中大规模培养藻类(Wang et al.,2019)

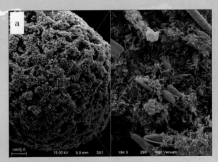
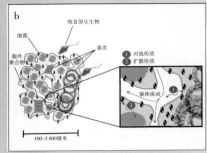

彩图 22　扫描电子图像清晰显示出藻菌聚合体中的藻类和细菌
细胞(a)，藻菌聚合体具有多孔性和对流体的渗透性(b)
（改自 Quijano et al.，2017）

彩图 23　土地渗滤系统实例